## 作者序
## 黄宗辰

因面包而认识了育玮老师，
也因面包彼此拉近，增进了友谊。
面包对我而言是有温度的生命，
借本书与育玮老师一同合作，写下关于我们的面包故事。
希望将本书分享给喜爱烘焙的朋友们，让大家一同感受这本书的用心
及温度。

从事面包工作迄今已超过二十个年头，其间也在职场生涯某些时刻，帮自己写下了深刻的回忆。一直希望可以完整地记录自己的每一个阶段所学，或者创意的新产品，于是开始了烘焙工具书的创作。

本书是我的第三本面包工具书，烘焙业其实是不断在推陈出新的，宗辰秉持着分享以及传承的初衷，很荣幸也很乐意将自己所接触的烘焙经验与大家分享。

面包对我而言是有温度的生命，于是我终其一生投注在这个产业，感谢烘焙让我的生命发光发热，也庆幸我的兴趣与工作能结合，让我的每一天都充满意义。

因面包认识了育玮老师，发现育玮是一位善良、正气且乐于分享的烘焙工作者，也因面包工作而让彼此更拉近，增进了友谊。发现育玮对面包做工的坚持与自己十分相近，我们都是属于"顽固老爹"型的中年男子，于是在出版社的邀约之下，开始了这本书的创作，也为我俩的友谊做一笔深刻的注记。

借由这本书与育玮老师一同合作，写下了关于我们的面包故事。将本书分享给喜爱烘焙的朋友们，期盼大家都能感受到我们投注在本书的心意。

**作者序**
## 林育玮

# 友谊长存

　　五年前在海外跟黄宗辰老师认识，欣赏他对面包的热情，和他对学生的指导态度，他总是愿意把自己的宝贵经验无私分享给每一位学生。因此，现在我们就借出版本书来记录我们的友谊。

　　这几年，面包烘焙出现了"微发展"的趋势——许多人培养起吃面包和做面包的习惯，面包不再只是早餐的食物，从只是到店里买面包，单纯想吃，到认识面包，研究面团做法流程，面包除了带给消费者好吃的感动以外，还成了很多人发展第二专长的"斜杠"副业了！烘焙业的发展其实是很多元的，时代在变，在自家厨房手做面包，通过网络平台包装行销产品、为消费者定制想要的面包、推出限定版面包，都是这个数码时代流行的事。我自己平常在家偶尔也会做面包，希望这本书能够为家庭烘焙领域带来更多帮助，让每位朋友都能建立属于自己的"家庭面包梦工厂"。

## 推荐序

面包师傅最重要的就是精神！做出一个面包很简单，但要做出会让人感动的面包不容易，也会有种荣耀感。我常说宁愿丢掉一盘面包，也不要失去一位客人，在宗辰师傅身上我看到了这种精神。

在这快速变迁的时代，烘焙师傅面对的是更多的挑战，除了需要精通烘焙技巧，还需适应这样快速变化的趋势，不断学习不同文化，接触更多样的食材，在原有的基础上突破创新，为面包注入新的活力与养分。面包不单单只是面包，它可以有儿时回忆的点点滴滴，中年时期早餐及下午茶的美味时光，年老时养生的美味佳肴。其实我们师傅最想看到的莫过于客人看到面包时，眼睛闪烁着微光及垂涎欲滴的那一刻。最后希望本书畅销，大家怀抱着对未来的憧憬与渴望，更上一层楼，为烘焙界注入新的元素与光彩。

麦之田食品

总经理 **林忠义**

## 推荐序

宗辰的付出精神，与无私传承的精神，都是值得后辈学习效仿的。他从当学徒至今二十四个年头，我看到的是永不放弃的精神，学习心态的谦卑。

《家庭面包梦工厂》是宗辰与育玮师傅联手合作出版的一本书，我相信大家在这本书的内容里会有所收获，这是一本值得珍藏的书。此书的出版，会让烘焙再度发光发热。

骅珍食品

经理 **简心树**

## 推荐序

深信此次育玮与宗辰的合作出书，是在这疫情蔓延的时局下，通过影片、照片等方式传达对面包的热爱，让喜爱烘焙的大众能更深入了解面包，将专业的技术经验分享给更多人。面包不只是给人美味，透过"一起做面包"，可以让人与人之间交流更加融洽。疫情结束时机虽尚未明朗，但二位大师的温暖之手，再度带给世界有温度的美味，增添每日餐桌的健康。

日本短期留学鸟越制粉面包学校创办人
铁能社有限公司
铁家族有限公司

家长 **林素敏**

## 推荐序

过去二十年，育玮师傅一直都是我最好的导师兼伙伴。很开心对于烘焙一直保持高度敏锐的育玮师傅，能够无私地公开自己的食谱，并以职人的角度，将面包做法转换成让烘焙素人都能理解的、浅显易懂的文字。相信这本书非常适合喜欢烘焙及刚接触烘焙的人。

果然元味 **施政乔**

（黑皮乔）

## 推荐序

第一次认识育玮老师，是在海外的某一次讲习会上，还记得台上的育玮老师非常腼腆，像个邻家大男孩，非常仔细、细心地回答着每一位学员的问题。从育玮老师的身上我学习到非常多，不论是关于面包知识或是待人处事，他都是一位我非常景仰的前辈。

育玮老师曾经与我们分享过一段话，至今深深地印在我的脑海里："虽然市场竞争大，营运比较困难，但是骏业崇隆的前辈也大有人在，一定要相信自己。"这句话时刻在我心中，督促着我每一天的前进。

相信育玮老师、宗辰师傅所写的这本书，阅读的您，也能感受到他们的用心及仔细。

小林煎饼 **李俞庆**

（小林老师）

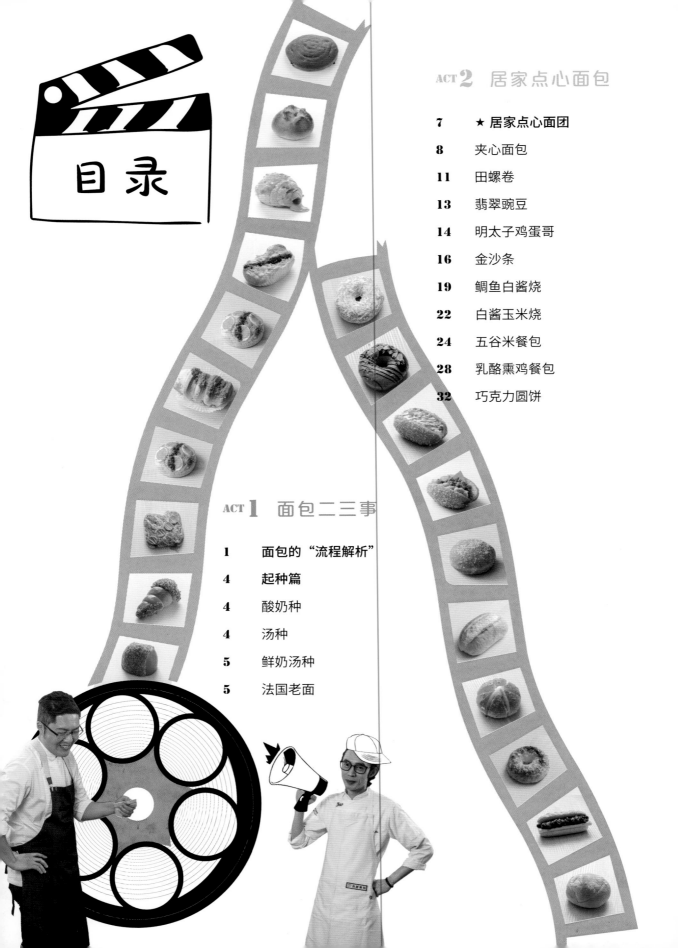

# 目 录

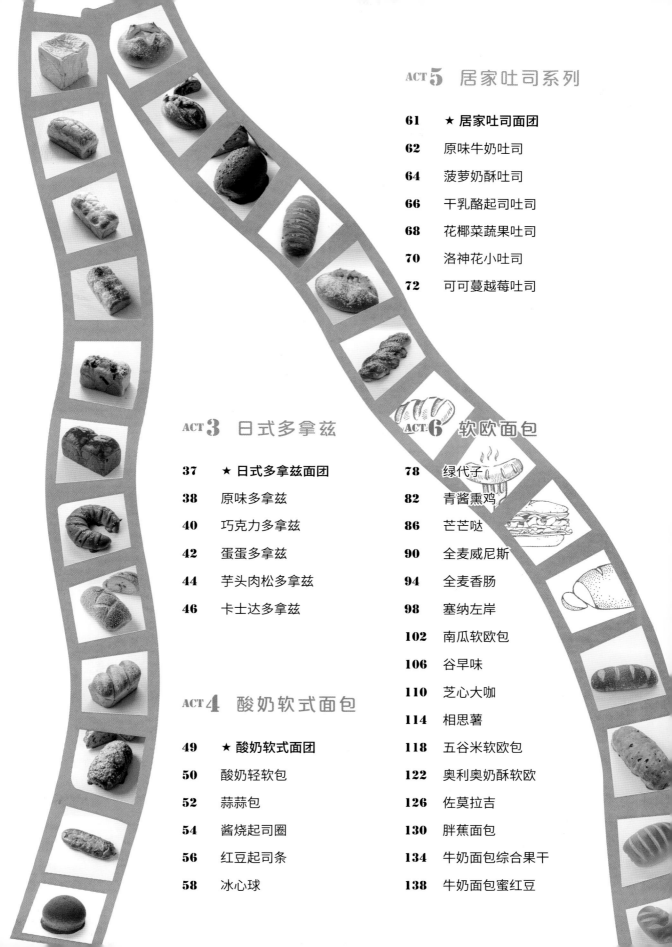

## Step 1：搅拌

通过搅拌使配方中所有材料混合，并使面粉内的淀粉成分与水结合，形成面筋。面筋的多寡会随着搅打程度有所不同。面筋是否紧密，是序列有致，还是杂乱无章，这些结构特点会影响食用时的口感。

使用搅拌机将干性材料跟湿性材料慢速混合均匀，注意干性材料须分开放置，避免材料与材料过早接触，互相影响。接着转中速或快速，适时停机，将粘在缸壁的材料往下刮。面团会反复被勾状搅拌器带离原本位置，通过反复摔打和拉扯延展面团得以产生面筋。

此时的面团表面会有些许的光泽，手抓一块约乒乓球大小的面团，双手轻拉，确认是否可延展成厚膜、破口呈锯齿状，此阶段又称为"扩展状态"。

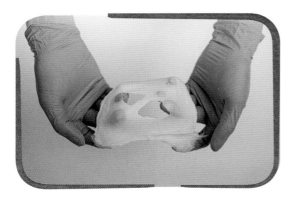

接着加入黄油，先以慢速搅拌，让黄油跟面团大致融合，此时面团表面会有一些粗糙，且质地湿黏。转中速或快速搅拌，适时停机，将粘在缸壁的材料往下刮到大面团里。

最后搅拌到面团光滑，手抓一块约乒乓球大小的面团，双手轻拉，确认是否可延展成透光薄膜，破口圆润无锯齿状，此阶段又称"完全扩展状态"。面团中心温度控制在 25 ～ 27℃，完成搅拌。

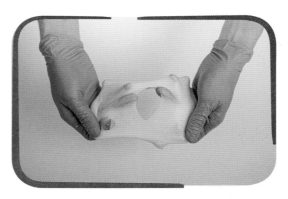

## Step 2：基本发酵

发酵是"小麦粉跟水结合的过程"，完成时面团表面会有些微光泽（因发酵环境有湿度），不像搅拌刚完成时表面易沾黏。面团中的酵母在稳定的环境下会产生二氧化碳气体，使面团体积膨胀，于此过程中面筋重整。

★ 发酵的目的

搅打仅初步产生面筋，面筋结构较为松散，发酵可以重整结构，使其组织更加规律，产生不同的风味、气体。面团经由发酵变得柔软，延展性较佳、面筋熟成，面团体积也会变大。

发酵时间从30分钟到两小时不等，环境温度25~32℃，湿度75%~80%。温度影响"发酵速度"，温度高速度快，但杂菌增加，容易使面团口感过酸；温度低速度慢，虽然有充分时间让面粉与液态结合，但容易有制作时间过长等问题。湿度不足时，面团会暴露在空气中渐渐风干，在表面形成一层硬皮，影响面团膨胀，阻碍面团发酵。

★ 若无发酵箱，该如何替代？

❶ 准备泡沫塑料箱，箱内放一碗热水，如此内部便会保持一定的温度与湿度，再将须发酵的面团放入箱内，盖上盖子进行发酵。

❷ 利用烘碗机（无须开机），内部放一碗热水，如此内部便会保持一定的温度与湿度，再放入需发酵的面团，进行发酵。

❸ 找一块蒸笼布沾湿，覆盖面团进行发酵。

## Step 3：分割

面团撒上适量手粉（高筋面粉），桌面与手也同时撒少许手粉，防止沾黏。将面团置于桌面上，轻拍排气，并将面团大致整平，使其成厚度大略一致的四方形。而后进行分割，注意不要乱切，毫无规律的乱切会影响面筋结构，容易出现烤焙后面包大小不一之状况，可以用切面刀轻压面团做记号，横切成三到四等分条状，再依制品重量要求切一定的大小称重，切口位置的面团都收在底部。

分割后要将面团收整成相同的形状帮助发酵，此步骤可按照下面第5步"整形"的要求，收整面团成圆形、椭圆形。面团光滑面朝上，双手沾手粉，双手固定在面团表面以顺时针方向轻松整圆，把表面大气泡挤压掉就可以了。

## Step 4：中间发酵

分割后需要30～40分钟的中间发酵让面团重整面筋，使面团松弛、具备延展性，提升可操作性。没有中间发酵的面团操作时容易收缩，难以收整成理想的造型。

## Step 5：整形

整形的要点是"用最少的动作，达到塑形效果"，手法要轻柔迅速，不可过度操作，影响面团内部组织，拍、擀如果太用力可能会压死酵母，影响最后发酵。

## Step 6：最后发酵

整形后摆上不粘烤盘，面团的间隔距离要一致，不要靠太近，避免膨胀后黏在一起。

整形后的面团经最后发酵后，体积会增加0.5～1倍，表面不会太湿黏，此时的面团内部充满气体，轻压面团会回弹，面团有弹性、很柔软，这个阶段就不可以太用力去移动面团，或敲到烤盘，避免震出面团内的气体，影响烤焙体积。

## Step 7：入炉烘烤

烘烤的目的是使面包大小跟表皮达至最好的状态，烤焙弹性决定面包体积。一般在面包烤焙时间达到设定时间 1/3 时，发酵的速度会加快，面团膨胀；直到内部温度达到 60~65℃，面包将停止发酵膨胀，在剩余时间内借由高温使面团中的水分蒸发，将面包烤熟，以利食用。

★ 烤焙时，喷蒸汽的用意与目的？

一方面使表面柔软方便面包体积膨胀；另一方面可使面包表面淀粉适当糊化，在烘烤时充分进行"焦化"作用，达到表面深度上色、但不烧焦的程度（需搭配上下火控制）。

★ 如家用烤箱无蒸汽功能，该如何解决？

先预热烤箱。准备钢盆，钢盆内装满洗干净的小石头，先入烤箱烤 30~40 分钟。

待面包要烤焙时，打开烤箱，放入烤盘，小心于钢盆内倒入少许水，此时便会产生蒸汽，一同烤焙即可。

★ 速发干酵母与新鲜酵母的比例换算

速发干酵母 1：新鲜酵母 3。

★ 做面包的 3 大要领

❶ "计时"：从搅拌到出炉，全程记录每个阶段花费的时间。记录结果，分析每个结果的原因。

❷ "计量"：制作面包会因为量的多寡影响发酵速度，所以要注意面团总重量，一旦调整配方总重，基发、中发、后发、烘烤时间都要一并微调改变。

❸ "计温"：制作面包需适时注意温度，温度会影响发酵快慢，从室温、水温、面团温度、发酵温度，乃至烤焙温度，每个环节的温度都会影响面包最终的口感。

★ 配方数量小叮咛

❶ 如何计算配方数量？所有材料克数相加，得出"总数"，总数除以产品的分割重量，即可知道能做多少数量。

❷ 家庭制作时数量如何缩减？把配方总数除以 2 或除以 3（甚至除以 5）在自己好操作的范围内即可。

★ 编者注：鸟越面粉

书中一些配方中注明了作者使用的面粉品种，它们都是鸟越牌。鸟越粉厂于 1887 年创始于日本，产品细腻，原料主要是加拿大一级春麦、美麦。书中提及的款都可通过网店买到，读者也可根据自己方便换作其他面粉。下面简单介绍书中出现的 3 款。

鸟越牌哥磨：蛋白质 11.8%，灰分 0.37%。做出的面包口感劲道、咬断性好，组织气孔细密、亮白柔软。

鸟越牌纯芯：蛋白质 11.9%，灰分 0.37%。采用小麦内层芯白制成，做出的面包色白，组织细致、柔软。

鸟越牌法印：又称铁塔，蛋白质 11.9%，灰分 0.44%。是法国面包专用粉，做出的面包香气甘甜丰富，湿润，化口性好。

# 酸奶种

**材料：**

| | |
|---|---|
| 法国粉（鸟越牌法印） | 500g |
| 原味酸奶 | 150g |
| 蜂蜜 | 20g |
| 水 | 450g |
| 速发干酵母 | 1g |

**做法：**

❶ 取速发干酵母，加水预先拌溶。

❷ 依序加入法国粉、原味酸奶，蜂蜜拌匀。

❸ 放入干净无菌容器内，以保鲜膜妥善封起（或盖起盖子），室温 25~27℃ 发酵 2 小时。

❹ 再冰入冷藏，12~15 小时即可使用。

★ 后续冷藏保存，建议 1~2 天内使用完毕。

# 汤种

**材料：**

| | |
|---|---|
| 高筋面粉（鸟越牌哥磨） | 100g |
| 水 | 110g |
| 细砂糖 | 10g |
| 盐 | 1g |

**做法：**

❶ 水用大火煮至冒泡沸腾。

❷ 关火，加入剩余材料拌匀。

❸ 静置冷却后，以保鲜膜妥善封起。

❹ 再冰入冷藏，12~15 小时即可使用。

★ 后续冷藏保存，建议 4 天内使用完毕。

## 鲜奶汤种

**材料：**

| | |
|---|---|
| 鲜奶 | 500g |
| 法国粉 | 300g |

**做法：**

❶ 鲜奶用中火（或中大火）煮至 65~70℃，煮制期间要不时搅拌，避免锅底烧焦。

❷ 离火，然后加入法国粉拌匀，拌至糊状即可。

❸ 静置冷却，以保鲜膜妥善封起。

❹ 再冰入冷藏，冷藏约 12 小时即可使用。

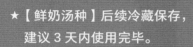

★【鲜奶汤种】后续冷藏保存，建议 3 天内使用完毕。

★【法国老面】后续冷藏保存，建议 4 天内使用完毕。

## 法国老面

**材料：**

| | |
|---|---|
| 法国粉 | 500g |
| 盐 | 10g |
| 低糖干酵母 | 3.5g |
| 水 | 335g |

**做法：**

❶ 搅拌缸加入所有材料，慢速 5 分钟，中速 2 分钟。

❷ 确认面团能拉出厚膜、破口呈锯齿状（扩展状态），面团终温 23℃。

❸ 不粘烤盘喷上烤盘油（或刷任意油脂），取面团一端 1/3 朝中心折。

❹ 取另一端 1/3 折回，把面团转向放置，轻拍使表面均一化（让面团发酵比较均匀），此为三折一次。

❺ 基本发酵 60 分钟（温度 32℃ / 湿度 75%）。

❻ 表面用袋子妥善封起，移至 -3℃ 冷藏，静置发酵 12 小时，即可使用。

ACT 2

居家点
心面包

# ★ 居家点心面团

## 材料

| | | % | g |
|---|---|---|---|
| A | 高筋面粉 | 70 | 350 |
| | （鸟越牌纯芯） | | |
| | 法国粉 | 30 | 150 |
| | （鸟越牌法印） | | |
| | 绵白糖 | 12 | 60 |
| | 盐 | 1 | 5 |
| | 全脂奶粉 | 3 | 15 |
| B | 全蛋 | 10 | 50 |
| | 原味酸奶 | 15 | 75 |
| | 水 | 45 | 225 |
| C | 新鲜酵母 | 3 | 15 |
| D | 无盐黄油 | 12 | 60 |

## 搅拌

1  搅拌缸加入材料 A 干性材料，倒入材料 B 湿性材料。

2  慢速搅拌 3~4 分钟，搅拌至稍微成团，加入新鲜酵母，继续搅拌至有面筋出现。

3  确认面团能拉出厚膜、破口呈锯齿状时（达扩展状态），加入无盐黄油，慢速搅拌 3 分钟，让黄油与面团大致结合。

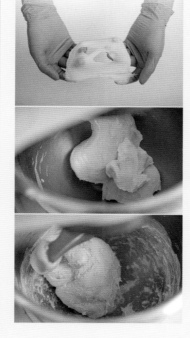

4  转快速搅拌 2 分钟，再慢速 1 分钟，确认面团能拉出透光薄膜、破口圆润无锯齿状（达完全扩展状态），面团终温约 27℃，搅拌完成。

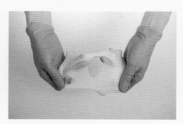

## 基本发酵

5  不粘烤盘喷上烤盘油（或刷任意油脂），放上面团，取面团一端 1/3 朝中心折。

6  将已折叠部分继续朝前翻折，把面团转向放置，轻拍表面均一化（让面团发酵比较均匀），此为三折一次。

7  放入透明盒子，再送入发酵箱发酵 30 分钟（温度 30~32℃ / 湿度 85%）。

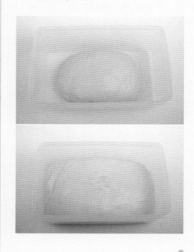

# 夹心面包

🍚 夹心奶油馅

| 无盐黄油 | 500g |
|---|---|
| 炼乳 | 180g |

1. 无盐黄油软化至手指按压可留下指痕之程度。

2. 干净钢盆加入无盐黄油，中高速打发至颜色呈白色、体积增长且蓬松之状态。

3. 加入炼乳，以刮刀拌匀，完成。

### 烘焙流程表

**❶ 搅拌基发**

详见居家点心面团（P.7）制作

**❷ 分割滚圆**

80g

**❸ 中间发酵**

40 分钟（温度 28~30℃ / 湿度 85%）

**❹ 整形**

详阅内文

**❺ 最后发酵**

40 分钟（温度 28~30℃ / 湿度 85%）

**❻ 装饰烤焙**

刷全蛋液，上火 210℃ / 下火 180℃，12~14 分钟

**❼ 烤后装饰**

详阅内文（备妥夹心奶油馅、花生粉）

#### 搅拌基发

1　面团参考【烘焙流程表】完成搅拌、基本发酵。

#### 分割滚圆

2　参考【烘焙流程表】分割面团，滚圆，底部收紧轻压，面团间距相等排入不粘烤盘中。

#### 中间发酵

3　参考【烘焙流程表】，将面团送入发酵箱发酵。

#### 整形

4　轻拍排气，以擀面棍擀开，翻面，后端压薄，由前朝后收折成橄榄形。

#### 最后发酵

5　面团间距相等排入不粘烤盘，参考【烘焙流程表】最后发酵。

#### 装饰烤焙

6　刷全蛋液，送入预热好的烤箱，参考【烘焙流程表】烘烤。

 烘烤的温度、时间数据仅供参考，须依烤箱不同微调。

#### 烤后装饰

7　面包出炉放凉，从中切一刀不切断。

8　底部抹夹心奶油馅，底部对折合起，接合处再抹夹心奶油馅，沾裹花生粉，完成。

 **奶油馅**

| 发酵黄油 | 500g |
|---|---|
| 动物性淡奶油 | 50g |
| 炼乳 | 150g |

1. 发酵黄油软化至手指按压可以留下指痕之程度。

2. 干净钢盆加入发酵黄油、动物性淡奶油，先以慢速搅打至材料大致混匀。

> **Tips** 必须先用慢速搅打，若一开始就用中高速搅打，钢盆内的液体会四处喷溅。

3. 转中高速打发至颜色呈淡黄色、体积增长且蓬松之状态。

4. 加入炼乳，以刮刀拌匀，装入挤花袋中。

### 🧑‍🍳 烘焙流程表

**❶ 搅拌基发**

详见居家点心面团（P.7）制作

**❷ 分割滚圆**

60g

**❸ 中间发酵**

40 分钟（温度 28~30℃ / 湿度 85%）

**❹ 整形**

详阅内文（备妥田螺模具）

**❺ 最后发酵**

40 分钟（温度 28~30℃ / 湿度 85%）

**❻ 装饰烤焙**

刷全蛋液，上火 210℃ / 下火 180℃，12~14 分钟

**❼ 烤后装饰**

详阅内文（备妥奶油馅、烤过开心果碎、烤过杏仁角、葡萄干）

**NO.2**
# 田螺卷

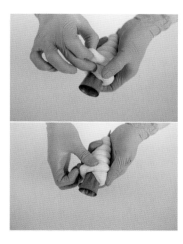

### 搅拌基发

1　面团参考【烘焙流程表】完成搅拌、基本发酵。

### 分割滚圆

2　参考【烘焙流程表】分割面团，滚圆，底部收紧轻压，间距相等排入不粘烤盘。

### 中间发酵

3　参考【烘焙流程表】，将面团送入发酵箱发酵。

### 整形

4　轻拍排气，以擀面棍擀开成长条，翻面，转向，后部压薄。

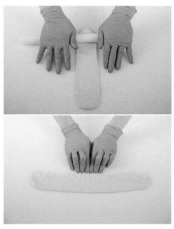

5　由前朝后卷起成细长条形，搓长，且让一头粗一头细。排入不粘烤盘，盖上塑料袋妥善包覆，冷藏 15~20 分钟。

**Tips**　冷藏后面团有些许硬度，更好整形。

6　细头部分按压在田螺模具的顶端，面团沿模具往下绕圈。

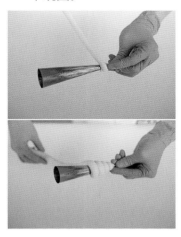

7　绕至底部，接着将面团妥善收口。

### 最后发酵

8　面团间距相等排入不粘烤盘，参考【烘焙流程表】最后发酵。

### 装饰烤焙

9　刷全蛋液，送入预热好的烤箱，参考【烘焙流程表】烘烤。

### 烤后装饰

10　面包出炉放凉，中心用挤花袋填入奶油馅，沾上葡萄干。

11　表面两个位置抹奶油馅，分别撒上烤过开心果碎、烤过杏仁角，完成。

翡翠豌豆皮

| 豌豆泥 | 100g |
| --- | --- |
| 蛋白 | 50g |
| 小苏打粉 | 5g |

☞ 所有材料一同拌匀。

**Tips** 小苏打粉依个人喜好，可加可不加。

---

👨‍🍳 **烘焙流程表**

**❶ 搅拌基发**

详见居家点心面团（P.7）制作

**❷ 分割滚圆**

70g

**❸ 中间发酵**

40 分钟（温度 28~30℃ / 湿度 85%）

**❹ 整形**

详阅内文（备妥火腿片、起司片）

**❺ 最后发酵**

40 分钟（温度 28~30℃ / 湿度 85%）

**❻ 烤前装饰**

详阅内文（备妥翡翠豌豆皮、热狗片、美乃滋酱）

**❼ 入炉烘烤**

上火 210℃ / 下火 180℃，12~14 分钟

# NO.3
# 翡翠豌豆

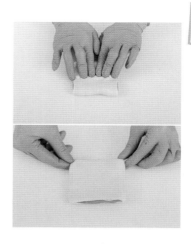

### 搅拌基发

1 面团参考【烘焙流程表】完成搅拌、基本发酵。

### 分割滚圆

2 参考【烘焙流程表】分割面团，滚圆，底部收紧轻压，面团间距相等排入不粘烤盘中。

### 中间发酵

3 参考【烘焙流程表】，将面团送入发酵箱发酵。

### 整形

4 轻拍排气；以擀面棍擀开，面团中间要比前后端稍厚一些；翻面。

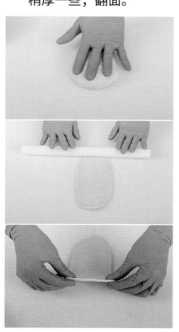

5 将四角面皮向外轻拉，将面团整形成长方形。

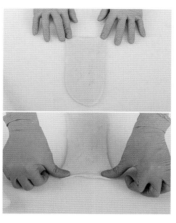

6 中心铺上火腿片、起司片。

7 取前后面皮朝中心收折，接缝处捏紧轻压，再整个翻面。

### 最后发酵

8 面团间距相等排入不粘烤盘，参考【烘焙流程表】最后发酵。

### 烤前装饰

9 铺上翡翠豌豆皮、热狗片，挤美乃滋酱。

### 入炉烘烤

10 送入预热好的烤箱，参考【烘焙流程表】烘烤。

⌄

# NO.4
# 明太子鸡蛋哥

## 烘焙流程表

**❶ 搅拌基发**

详见居家点心面团（P.7）制作

**❷ 分割滚圆**

60g

**❸ 中间发酵**

40 分钟（温度 28~30℃ / 湿度 85%）

**❹ 整形**

详阅内文（使用"圆框形硅胶模"模具，也可不用）

**❺ 最后发酵**

40 分钟（温度 28~30℃ / 湿度 85%）

**❻ 烤前装饰**

详阅内文（备妥全蛋液、起司粉、水煮蛋片）

**❼ 入炉烘烤**

上火 200 ℃ / 下火 170℃，12~13 分钟

**❽ 烤后装饰**

详阅内文（备妥明太子馅、海苔粉）

### 明太子酱

| | |
|---|---|
| 沙拉酱 | 110g |
| 无盐黄油 | 60g |
| 明太子酱 | 100g |
| 柠檬汁 | 8g |
| 芥末酱 | 5g |

1. 无盐黄油软化至手指按压可留下指痕之程度。

2. 干净钢盆加入沙拉酱、软化无盐黄油，以刮刀拌匀。

3. 加入明太子酱、柠檬汁、芥末酱拌匀，装入三角袋备用，完成。

**搅拌基发**

1　面团参考【烘焙流程表】完成搅拌、基本发酵。

**分割滚圆**

2　参考【烘焙流程表】分割面团，滚圆，底部收紧轻压，面团间距相等排入不粘烤盘中。

**中间发酵**

3　参考【烘焙流程表】，将面团送入发酵箱发酵。

**整形**

4　重新滚圆，底部收紧。

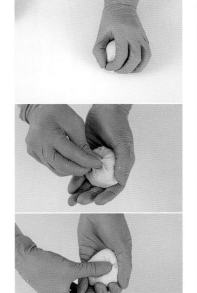

5　轻拍，以擀面棍擀开。

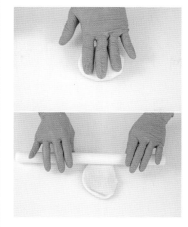

6　圆框形硅胶模间距相等排入不粘烤盘，中心放入面团。

**最后发酵**

7　参考【烘焙流程表】最后发酵。

**烤前装饰**

8　刷全蛋液，撒起司粉，用筷子均匀戳洞，铺上水煮蛋片。

Tips　戳洞可以避免烘烤时面团过度膨胀。

**入炉烘烤**

9　送入预热好的烤箱，参考【烘焙流程表】烘烤。

**烤后装饰**

10　出炉脱模，挤明太子酱，以相同温度再烤3~5分钟。

11　出炉，撒海苔粉。

NO.5
# 金沙条

❶ **搅拌基发**

详见居家点心面团（P.7）制作

❷ **分割滚圆**

60g

❸ **中间发酵**

40 分钟（温度 28~30℃ / 湿度 85%）

❹ **整形**

详阅内文（备妥金沙馅、纸模，使用小浴缸硅胶模具，长度约 140mm）

❺ **最后发酵**

40 分钟（温度 28~30℃ / 湿度 85%）

❻ **烤前装饰**

详阅内文（备妥金沙外皮）

❼ **入炉烘烤**

上火 200 ℃/ 下火 170℃，12~14 分钟

❽ **烤后装饰**

详阅内文（备妥防潮糖粉、镜面果胶、开心果碎）

🥄 **金沙馅**

| | | |
|---|---|---|
| A | 无盐黄油 | 150g |
| | 糖粉（过筛） | 65g |
| | 盐 | 2g |
| B | 全蛋液 | 40g |
| C | 全脂奶粉 | 150g |
| D | 烤熟咸鸭蛋黄（压碎） | 100g |

1. 无盐黄油软化至手指按压可留下指痕之程度。干净钢盆加入材料 A，一同拌匀。

2. 加入全蛋液拌匀，加入全脂奶粉拌匀，加入压碎咸鸭蛋黄拌匀。

🥣 **金沙外皮**

| | | |
|---|---|---|
| A | 蛋黄 | 165g |
| B | 糖粉 | 45g |
| C | 低筋面粉 | 80g |

1. 低筋面粉、糖粉一同过筛。

2. 所有材料一同拌匀，接着装入三角袋备用，完成。

**搅拌基发**

1　面团参考【烘焙流程表】完成搅拌、基本发酵。

**分割滚圆**

2　参考【烘焙流程表】分割面团，滚圆，底部收紧轻压，面团间距相等排入不粘烤盘中。

3 参考【烘焙流程表】，将面团送入发酵箱发酵。

4 轻拍排气，以擀面棍擀成长片，翻面。

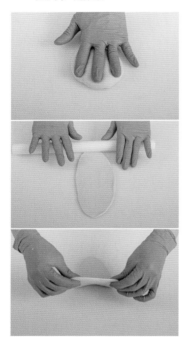

5 将四角面皮向外轻拉，整形成长方形，后部压薄。

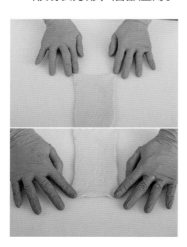

6 放 25g 金沙馅，抹平（底部预留 1 厘米），将面皮切 4 刀，卷起。

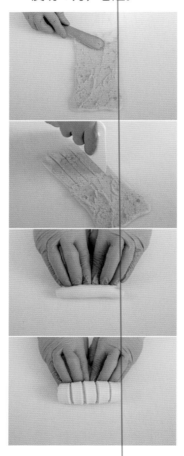

7 放入已铺纸模的小浴缸硅胶模具。

8 间距相等排入不粘烤盘，参考【烘焙流程表】最后发酵。

9 挤金沙外皮。

10 送入预热好的烤箱，参考【烘焙流程表】烘烤。

11 隔着造型纸板筛防潮糖粉，刷镜面果胶，在有刷果胶处撒上开心果碎，完成。

NO.6
鲷鱼白酱烧

激推!!
鲷鱼白酱烧

好吃!

 白酱

| | |
|---|---|
| 鲜奶 | 300g |
| 蘑菇片 | 适量 |
| 高筋面粉 | 30g |
| 豆蔻粉 | 1g |
| 无盐黄油 | 50g |
| 奶油乳酪 | 30g |

1. 鲜奶以中火（或中大火）煮至沸腾，其间要不停搅拌避免锅底烧焦，离火。

2. 无盐黄油加热成液态备用。

3. 干净钢盆加入高筋面粉、无盐黄油、蘑菇片，小火煮至糊化。

4. 加入做法1鲜奶拌匀，加入豆蔻粉、奶油乳酪，小火慢慢拌至浓稠状，完成。

## 烘焙流程表

**❶ 搅拌基发**

详见居家点心面团（P.7）制作

**❷ 分割滚圆**

60g

**❸ 中间发酵**

30分钟（温度28~30℃／湿度85%）

**❹ 整形**

详阅内文（可使用圆框形硅胶模具，也可不用）

**❺ 最后发酵**

30分钟（温度28~30℃／湿度85%）

**❻ 烤前装饰**

详阅内文（备妥白酱、鲷鱼片、披萨丝、黑胡椒粒）

**❼ 入炉烘烤**

上火190℃／下火160℃，15分钟

**❽ 烤后装饰**

详阅内文（备妥镜面果胶，海苔粉）

**搅拌基发**

1 面团参考【烘焙流程表】完成搅拌、基本发酵。

**分割滚圆**

2 参考【烘焙流程表】分割面团，滚圆，底部收紧、轻压，面团间距相等排入不粘烤盘中。

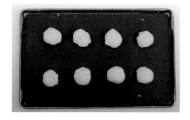

**中间发酵**

3 参考【烘焙流程表】，将面团送入发酵箱发酵。

**整形**

4 重新滚圆，收紧底部。

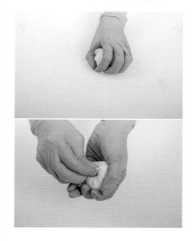

5 轻拍，以擀面棍擀开。

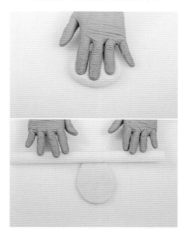

6 圆框形硅胶模间距相等排入不粘烤盘，中心放入面团。

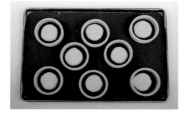

**最后发酵**

7 参考【烘焙流程表】最后发酵。

**烤前装饰**

8 抹白酱，铺鲷鱼片，撒披萨丝、黑胡椒粒。

**入炉烘烤**

9 送入预热好的烤箱，参考【烘焙流程表】烘烤。

**烤后装饰**

10 出炉放凉，刷镜面果胶，在有刷果胶处撒海苔粉，完成。

**NO.7**
# 白酱玉米烧

🍚 白酱乳酪玉米馅

| 白酱（P.20） | 300g |
|---|---|
| 奶油乳酪 | 50g |
| 玉米粒 | 150g |

1. 奶油乳酪软化至手指按压可留下指痕之程度。

2. 所有材料一同拌匀，装入三角袋中。

👨‍🍳 烘焙流程表

**❶ 搅拌基发**

详见居家点心面团（P.7）制作

**❷ 分割滚圆**

50g

**❸ 中间发酵**

30 分钟（温度 28~30℃ / 湿度 85%）

**❹ 整形**

详阅内文［备妥纸模，使用小浴缸硅胶模具（长度约 140mm），模具也可不用］

**❺ 最后发酵**

30 分钟（温度 28~30℃ / 湿度 85%）

**❻ 烤前装饰**

详阅内文（备妥白酱乳酪玉米馅）

**❼ 入炉烘烤**

上火 180℃ / 下火 150℃，15 分钟

**❽ 烤后装饰**

详阅内文（备妥海苔粉）

## 搅拌基发

1  面团参考【烘焙流程表】完成搅拌、基本发酵。

## 分割滚圆

2  参考【烘焙流程表】分割面团，滚圆，底部收紧、轻压，面团间距相等排入不粘烤盘中。

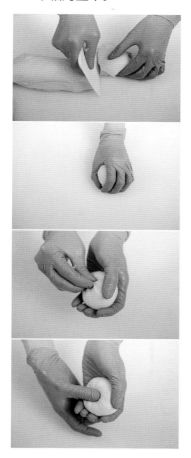

## 中间发酵

3  参考【烘焙流程表】，将面团送入发酵箱发酵。

## 整形

4  重新滚圆。

5  手掌成爪形罩住面团，前后轻轻收紧，让面团呈椭圆状。

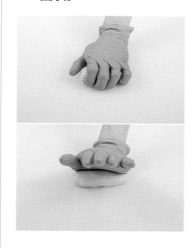

6  转向，轻轻拍开，以擀面棍擀开。

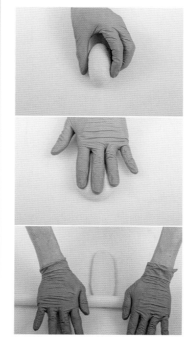

7  放入已铺纸模的硅胶模具。

## 最后发酵

8  面团间距相等排入不粘烤盘，参考【烘焙流程表】最后发酵。

## 烤前装饰

9  抹30g白酱乳酪玉米馅。

## 入炉烘烤

10 送入预热好的烤箱，参考【烘焙流程表】烘烤。

## 烤后装饰

11 撒海苔粉，完成。

# 五谷米餐包

超人气
吃了一口
再来一口

| | 材料 | % | g |
|---|---|---|---|
| A | 高筋面粉 | 100 | 500 |
| | （鸟越牌哥磨） | | |
| | 细砂糖 | 10 | 50 |
| | 盐 | 1.4 | 7 |
| | 熟胚芽粉 | 4 | 20 |
| B | 新鲜酵母 | 3 | 15 |
| C | 鲜奶 | 20 | 100 |
| | 水 | 48 | 240 |
| | 五谷米 * | 20 | 100 |
| | ★ 法国老面 | 10 | 50 |
| | （P.5） | | |
| D | 无盐黄油 | 6 | 30 |

编者注：* 五谷米指熟的薏米、黑米、糙米、小米、葵花籽。

## 🧑‍🍳 烘焙流程表

**❶ 搅拌**

详阅内文（面团终温 25℃）

**❷ 基本发酵**

50 分钟（温度 32℃ / 湿度 75%）

**❸ 分割滚圆**

50g

**❹ 中间发酵**

30 分钟（温度 32℃ / 湿度 75%）

**❺ 整形**

详阅内文（备妥起司片、火腿片）

**❻ 最后发酵**

40 分钟（温度 32℃ / 湿度 75%）

**❼ 烤前装饰**

详阅内文（备妥乳酪丝、高筋面粉）

**❽ 入炉烘烤**

上火 230 ℃/ 下火 150℃，喷 3 秒蒸汽，烤 7~9 分钟

---

搅拌

1 搅拌缸加入材料 A、材料 B、材料 C。

2 慢速搅拌 5 分钟，转中速 2 分钟，搅拌至有面筋出现，即面团能拉出厚膜、破口呈锯齿状时（扩展状态）。

3 加入无盐黄油，慢速搅拌 3 分钟，让黄油与面团大致结合。

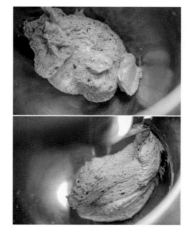

4 转中速搅拌 3~4 分钟，确认面团能拉出透光薄膜，破口圆润无锯齿状（达完全扩展状态），搅拌完成。

---

基本发酵

5 不粘烤盘喷上烤盘油（或刷任意油脂），放上面团，取面团一端 1/3 朝中心折。

6 将已折叠部分继续朝前翻折，把面团转向放置，轻拍表面均一化（让面团发酵比较均匀），此为三折一次。

7 参考【烘焙流程表】，将面团送入发酵箱发酵。

分割滚圆

8 参考【烘焙流程表】分割面团，滚圆，底部收紧、轻压，面团间距相等排入不粘烤盘中。

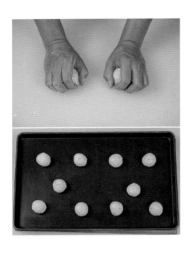

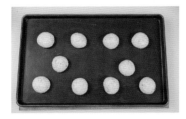

## 中间发酵

9 参考【烘焙流程表】，将面团送入发酵箱发酵。

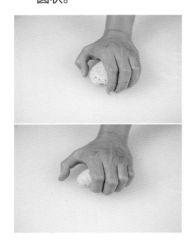

## 整形

10 手掌成爪形罩住面团，前后轻轻收紧，让面团呈椭圆状。

11 再将面团一端搓细，整形成水滴状。

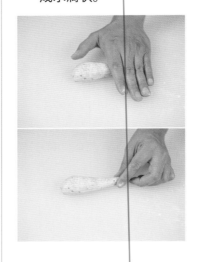

12 面团间距相等放上不粘烤盘，表面用袋子妥善盖住，冷藏松弛 30 分钟。

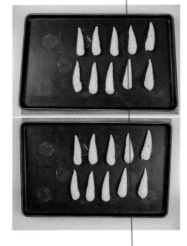

13 轻拍，以擀面棍擀开。

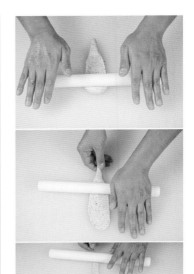

14 铺上起司片、火腿片，卷起。

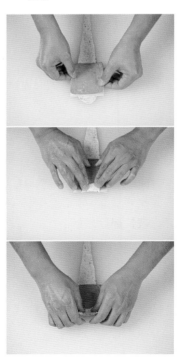

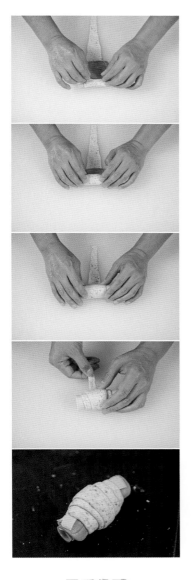

## 烤前装饰

16 撒上 5g 乳酪丝，筛高筋面粉。

## 最后发酵

15 面团间距相等排入不粘烤盘，参考【烘焙流程表】最后发酵。

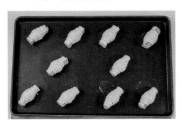

## 入炉烘烤

17 送入预热好的烤箱，参考【烘焙流程表】烘烤。

27

# 乳酪熏鸡餐包

🍚 熏鸡乳酪馅

| | |
|---|---|
| 熏鸡肉丝 | 210g |
| 高熔点乳酪丁 | 70g |
| 乳酪丝 | 35g |

☞ 将所有材料一同拌匀，
　 备用。

## 材料

| | A | % | g |
|---|---|---|---|
| A | 高筋面粉 | 100 | 500 |
| | （鸟越牌哥磨） | | |
| | 细砂糖 | 12 | 60 |
| | 盐 | 1.2 | 6 |
| | 全脂奶粉 | 4 | 20 |
| B | 新鲜酵母 | 3 | 15 |
| C | 全蛋 | 20 | 100 |
| | 鲜奶 | 10 | 50 |
| | 水 | 38 | 190 |
| D | 无盐黄油 | 20 | 100 |

### 👨‍🍳 烘焙流程表

**❶ 搅拌**

详阅内文（面团终温 25℃）

**❷ 基本发酵**

50 分钟（温度 32℃ / 湿度 75%）

**❸ 分割滚圆**

70g

**❹ 中间发酵**

30 分钟（温度 32℃ / 湿度 75%）

**❺ 整形**

详阅内文（备妥熏鸡乳酪馅）

**❻ 最后发酵**

40 分钟（温度 32℃ / 湿度 75%）

**❼ 烤前装饰**

详阅内文（备妥全蛋液、乳酪丝）

**❽ 入炉烘烤**

上火 230℃ / 下火 150℃，烤 10~12 分钟

### 搅拌

1 搅拌缸加入材料 A、材料 B、材料 C。

2 慢速搅拌 5 分钟，转中速 2 分钟，搅拌至有面筋出现，即面团能拉出厚膜、破口呈锯齿状（扩展状态）。

3 加入无盐黄油，慢速搅拌 3 分钟，让黄油与面团大致结合。

4 转中速搅拌 3~4 分钟，确认面团能拉出透光薄膜，破口圆润无锯齿状（达完全扩展状态），搅拌完成。

### 基本发酵

5 不粘烤盘喷上烤盘油（或刷任意油脂），放上面团，取面团一端 1/3 朝中心折。

6 将已折叠部分继续朝前翻折，把面团转向放置，轻拍表面均一化（让面团发酵比较均匀），此为三折一次。

7 参考【烘焙流程表】，将面团送入发酵箱发酵。

 **Tips** 手沾适量手粉，截入面团测试发酵程度，若面团不回缩即为完成。

8　参考【烘焙流程表】分割面团，轻轻滚圆。

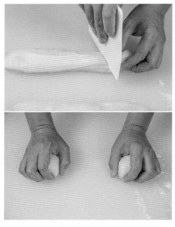

9　间距相等排入不粘烤盘中，参考【烘焙流程表】，将面团送入发酵箱发酵。

10　轻轻拍开面团，中心厚周围薄。

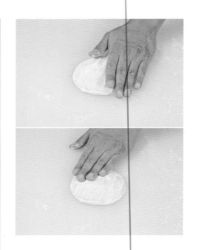

11　包入 40g 熏鸡乳酪馅。

12　一手托住面团，一手捉住周围面皮，慢慢朝中心收口。

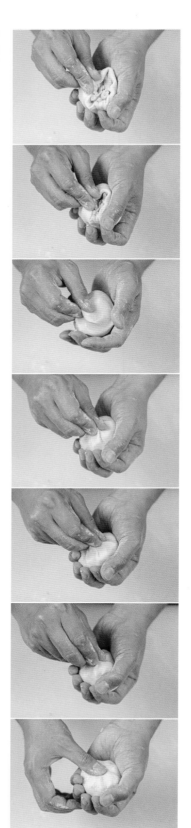

### 最后发酵

13  面团间距相等排入不粘烤盘，参考【烘焙流程表】最后发酵。

### 烤前装饰

14  刷全蛋液，剪 2 刀，撒 5g 乳酪丝。

### 入炉烘烤

15  送入预热好的烤箱，参考【烘焙流程表】烘烤。

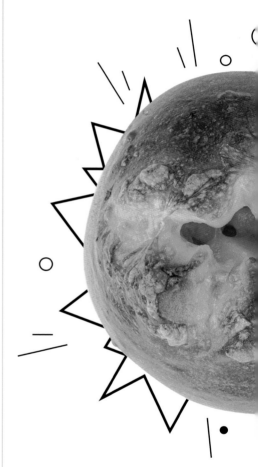

NO.10
巧克力圆饼

 材料

| | | % | g |
|---|---|---|---|
| A | 高筋面粉 | 100 | 500 |
| | （鸟越牌哥磨） | | |
| | 可可粉 | 3 | 15 |
| | 细砂糖 | 14 | 70 |
| | 盐 | 1 | 7 |
| B | 新鲜酵母 | 3 | 15 |
| C | 全蛋 | 10 | 50 |
| | 鲜奶 | 10 | 50 |
| | 水 | 50 | 250 |
| | ★ 法国老面 | 20 | 100 |
| | （P.5） | | |
| D | 无盐黄油 | 30 | 150 |
| E | 黑水滴巧克力豆 | 20 | 100 |

巧克力饼皮

| | | g |
|---|---|---|
| A | 全蛋 | 100 |
| | 细砂糖 | 70 |
| B | 纽扣黑巧克力 | 100 |
| | 无盐黄油 | 80 |
| C | 可可粉 | 10 |
| | 低筋面粉 | 80 |

1. 材料 C 粉类混合过筛。材料 B 隔水加热熔化。

2. 干净搅拌缸加入材料 A 打发，至湿性发泡状态。

3. 加入熔化的材料 B 拌匀。

4. 加入混合过筛的材料 C，轻轻拌匀避免消泡。

5. 装入三角袋中备用，完成。

## 🧑‍🍳 烘焙流程表

**❶ 搅拌**
详阅内文（面团终温 25℃）

**❷ 基本发酵**
50 分钟（温度 32℃ / 湿度 75%）

**❸ 分割滚圆**
100g

**❹ 中间发酵**
30 分钟（温度 32℃ / 湿度 75%）

**❺ 整形**
详阅内文

**❻ 最后发酵**
40 分钟（温度 32℃ / 湿度 75%）

**❼ 烤前装饰**
详阅内文（备妥巧克力饼皮）

**❽ 入炉烘烤**
上火 160 ℃/ 下火 170℃，烤 20 分钟

### 搅拌

1  搅拌缸加入材料 A、材料 B、材料 C。

2  慢速搅拌 5 分钟，然后转中速 2 分钟，搅拌至有面筋出现。

3  确认面团能拉出厚膜、破口呈锯齿状时（达扩展状态），加入无盐黄油，慢速搅拌 3 分钟，让黄油与面团大致结合。

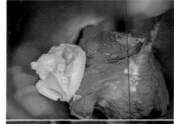

4  转中速搅拌 3~4 分钟，确认面团能拉出透光薄膜，破口圆润无锯齿状（达完全扩展状态）。

5  加入黑水滴巧克力豆，慢速搅打 1 分钟，打至材料均匀散入面团即可。

### 基本发酵

6  不粘烤盘喷上烤盘油（或刷任意油脂），放上面团，取面团一端 1/3 朝中心折。

7  将已折叠部分继续朝前翻折，把面团转向放置，轻拍表面均一化（让面团发酵比较均匀），此为三折一次。

8  参考【烘焙流程表】，将面团送入发酵箱发酵。

> **Tips** 手沾适量手粉，戳入面团测试发酵程度，若面团不回缩即为完成。

### 分割滚圆

9  参考【烘焙流程表】分割面团，轻轻滚圆。

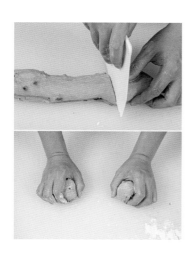

13 筷子均匀戳入面团。

## 中间发酵

10 面团间距相等排入不粘烤盘中，参考【烘焙流程表】，将面团送入发酵箱发酵。

14 每个面团挤约60g巧克力饼皮。

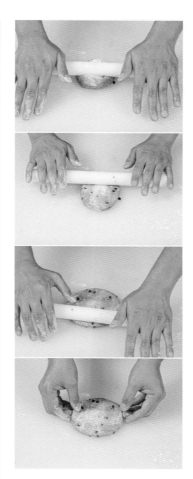

## 整形

11 桌上撒适量手粉（高筋面粉），轻轻拍开面团，以擀面棍擀开，成直径11cm圆片。

## 最后发酵

12 面团间距相等排入不粘烤盘，参考【烘焙流程表】最后发酵。

## 入炉烘烤

15 送入预热好的烤箱，参考【烘焙流程表】烘烤。

# ACT 3
# 日式多拿兹

# ★ 日式多拿兹面团

 **材料**

|   |   | % | g |
|---|---|---|---|
| A | 高筋面粉 | 70 | 350 |
|   | （鸟越牌纯芯） |   |   |
|   | 低筋面粉 | 30 | 150 |
|   | 绵白糖 | 15 | 75 |
|   | 盐 | 2 | 10 |
|   | 全脂奶粉 | 3 | 15 |
| B | 蛋黄 | 10 | 50 |
|   | 鲜奶 | 50 | 250 |
|   | 水 | 10 | 50 |
| C | 马铃薯泥 | 5 | 25 |
| D | 新鲜酵母 | 3 | 15 |
| E | 无盐黄油 | 12 | 60 |

## 搅拌

1　搅拌缸加入材料 A 干性材料，倒入材料 B 湿性材料、材料 C 马铃薯泥。

Tips　下马铃薯可以让面筋收一些，吃起来口感会回弹。

2　慢速搅拌 3~4 分钟，至稍微成团，加入新鲜酵母，继续搅拌至有面筋出现。

3　确认面团能拉出厚膜、破口呈锯齿状时（达扩展状态），加入无盐黄油，慢速搅拌 3 分钟，让黄油与面团大致结合。

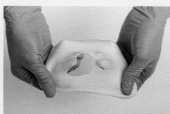

4　转快速搅拌 2 分钟，再慢速 1 分钟，确认面团能拉出透光薄膜，破口圆润无锯齿状（达完全扩展状态），面团终温约 27℃，搅拌完成。

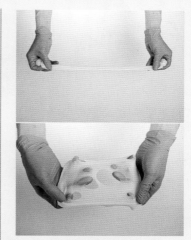

### 基本发酵

5　不粘烤盘喷上烤盘油（或刷任意油脂），放上面团，取面团一端 1/3 朝中心折。

6　将已折叠部分继续朝前翻折，把面团转向放置，轻拍表面均一化（让面团发酵比较均匀），此为三折一次。

7　放入透明盒子，再送入发酵箱发酵 40~50 分钟（温度 28~30℃/湿度 85%）。

# NO.11
# 原味多拿兹

## 🧑‍🍳 烘焙流程表

**❶ 搅拌基发**

详见日式多拿兹面团（P.37）制作

**❷ 分割滚圆**

50g

**❸ 中间发酵**

20 分钟（温度 28~30℃ / 湿度 85%）同时预热油锅，将油温热至 180℃

**❹ 整形**

详阅内文

**❺ 最后发酵**

20 分钟（温度 28~30℃ / 湿度 85%）

**❻ 油炸熟制**

油温 180℃，炸 2 分钟（每 20~30 秒翻面一次）

**❼ 装饰**

详阅内文（备妥防潮糖粉）

### 搅拌基发

1　面团参考【烘焙流程表】完成搅拌、基本发酵。

### 分割滚圆

2　参考【烘焙流程表】分割面团，滚圆，底部收紧轻压，面团间距相等排入不粘烤盘中。

### 中间发酵

3　参考【烘焙流程表】，将面团送入发酵箱发酵。

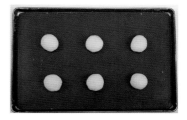

### 整形

4　轻压面团，中心点用拇指戳入。

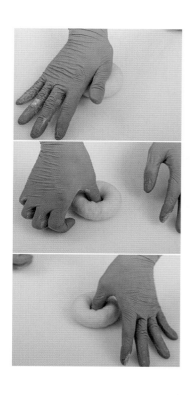

Tips 面团表面朝下依序投入油锅，一次约放 6~9 个，放入后立刻依序翻面，计 30 秒。后续每20~30 秒翻面一次，避免上色过深，共炸 2 分钟。

5　两只手指慢慢将中心点扩展开（尽量不要挤压四周），然后绕圈将面团慢慢扩展。

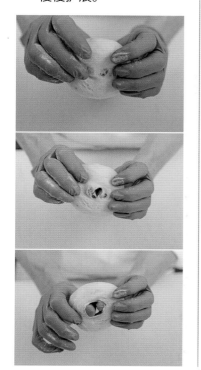

### 最后发酵

6　面团间距相等排入不粘烤盘，参考【烘焙流程表】最后发酵。

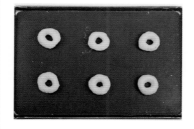

### 油炸熟制

7　放入预热好的油炸油中，参考【烘焙流程表】温度时间进行油炸。

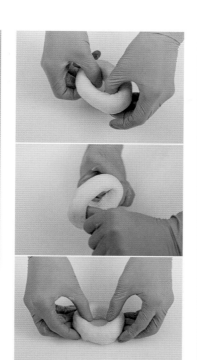

### 装饰

8　沥干油脂放凉，粘覆防潮糖粉。

Tips 多拿兹会油腻的原因大部分是因为油温不够，面团才会带油，将油温拉高即可解决此问题。

NO.12
# 巧克力多拿兹

🍳 **烘焙流程表**

**❶ 搅拌基发**

详见日式多拿兹面团（P.37）制作

**❷ 分割滚圆**

50g

**❸ 中间发酵**

20 分钟（温度 28~30℃ / 湿度 85%）同时预热油锅，将油温热至 180℃

**❹ 整形**

详阅内文

**❺ 最后发酵**

20 分钟（温度 25~27℃ / 湿度 85%）

**❻ 油炸熟制**

油温 180℃，炸 2 分钟（每 20~30 秒翻面一次）

**❼ 装饰**

详阅内文（备妥非调温巧克力、烤过杏仁片、开心果碎）

---

**搅拌基发**

1　面团参考【烘焙流程表】完成搅拌、基本发酵。

**分割滚圆**

2　参考【烘焙流程表】分割面团，滚圆，底部收紧、轻压，面团间距相等排入不粘烤盘中。

**中间发酵**

3　参考【烘焙流程表】，将面团送入发酵箱发酵。

**整形**

4　轻压面团，中心点用拇指戳入。

5　两只手指慢慢将中心点扩展开（尽量不要挤压四周），然后绕圈将面团慢慢扩展。

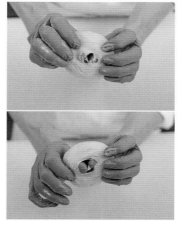

---

**最后发酵**

6　面团间距相等排入不粘烤盘，参考【烘焙流程表】最后发酵。

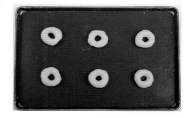

**油炸熟制**

7　放入预热好的油炸油中，参考【烘焙流程表】温度时间进行油炸。

> **Tips** 面团表面朝下依序投入油锅，一次约放 6~9 个，放入后立刻依序翻面，计 30 秒。后续每 20~30 秒翻面一次，避免上色过深，共炸 2 分钟。

**装饰**

8　沥干油脂放凉，粘覆隔水加热的非调温巧克力，再撒上烤过的杏仁片、开心果碎。

**NO.13**
# 蛋蛋多拿兹

 蛋沙拉馅

| 水煮蛋 | 500g |
|---|---|
| 沙拉酱 | 适量 |

☞ 水煮蛋压碎，所有
材料一同拌匀。

---

🍳 **烘焙流程表**

**❶ 搅拌基发**
详见日式多拿兹面团（P.37）
制作

**❷ 分割滚圆**
50g

**❸ 中间发酵**
20 分钟（温度 28~30℃ / 湿
度 85%）同时预热油锅，将
油温热至 180℃

**❹ 整形**
详阅内文（备妥全蛋液、面
包粉）

**❺ 最后发酵**
40 分钟（温度 28~30℃ / 湿
度 85%）

**❻ 油炸熟制**
油温 180℃，炸 2 分钟（每
20~30 秒翻面一次）

**❼ 装饰**
详阅内文（备妥蛋沙拉馅、
番茄酱）

**搅拌基发**

1. 面团参考【烘焙流程表】完成搅拌、基本发酵。

**分割滚圆**

2. 参考【烘焙流程表】分割面团，滚圆，底部收紧、轻压，面团间距相等排入不粘烤盘中。

**中间发酵**

3. 参考【烘焙流程表】，将面团送入发酵箱发酵。

**整形**

4. 轻拍排气，转向翻面。

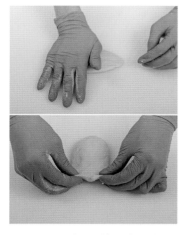

5. 面团后部压薄，由前朝后卷起，整形成橄榄形。

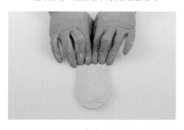

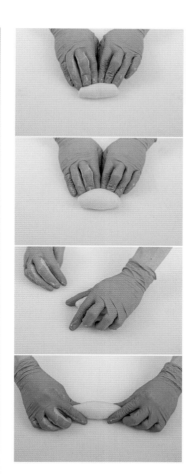

6. 刷全蛋液，粘上面包粉。

**最后发酵**

7. 面团间距相等排入不粘烤盘，参考【烘焙流程表】最后发酵。

**油炸熟制**

8. 放入预热好的油炸油中，参考【烘焙流程表】温度时间进行油炸。

> **Tips** 面团表面朝下依序投入油锅，一次约放 6~9 个，放入后立刻依序翻面，计 30 秒。后续每 20~30 秒翻面一次，避免上色过深，共炸 2 分钟。

**装饰**

9. 沥干油脂放凉，从中切开，抹上蛋沙拉馅，表面挤番茄酱。

> **Tips** 多拿兹会油腻的原因大部分是因为油温不够，面团才会带油。将油温拉高即可解决此问题。

🍚 芋头馅

| 芋头丁 | 200g |
|--------|------|
| 细砂糖 | 40g |
| 动物性淡奶油 | |

1. 芋头丁先以电锅蒸熟，用筷子戳入，若能轻松压碎即是熟了。
2. 所有材料一同拌匀，装入挤花袋中。

## 👨‍🍳 烘焙流程表

**❶ 搅拌基发**

详见日式多拿兹面团（P.37）制作

**❷ 分割滚圆**

50g

**❸ 中间发酵**

20 分钟（温度 28~30℃ / 湿度 85%）同时预热油锅，将油温热至 180℃

**❹ 整形**

详阅内文（备妥全蛋液、面包粉）

**❺ 最后发酵**

40 分钟（温度 25~27℃ / 湿度 85%）

**❻ 油炸熟制**

油温 180℃，炸 2 分钟（每20~30 秒翻面一次）

**❼ 装饰**

详阅内文（备妥沙拉酱、起司片、芋头馅、海苔肉松）

NO.14
# 芋头肉松
# 多拿兹

## 搅拌基发

1　面团参考【烘焙流程表】完成搅拌、基本发酵。

## 分割滚圆

2　参考【烘焙流程表】分割面团，滚圆，底部收紧、轻压，面团间距相等排入不粘烤盘中。

## 中间发酵

3　参考【烘焙流程表】，将面团送入发酵箱发酵。

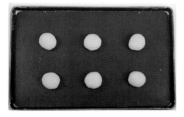

## 整形

4　轻拍排气，转向翻面。

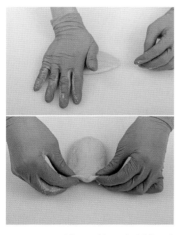

5　面团后部压薄，由前朝后卷起，整形成橄榄形。

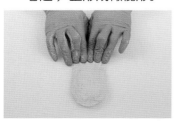

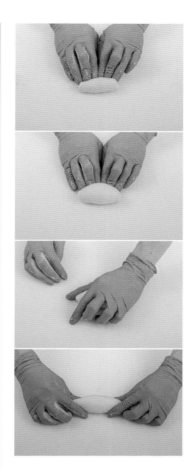

6　刷全蛋液，沾上面包粉。

## 最后发酵

7　面团间距相等排入不粘烤盘，参考【烘焙流程表】最后发酵。

## 油炸熟制

8　放入预热好的油炸油中，参考【烘焙流程表】温度时间进行油炸。

Tips　面团表面朝下依序投入油锅，一次约放 6~9 个，放入后立刻依序翻面，计 30 秒。后续每 20~30 秒翻面一次，避免上色过深，共炸 2 分钟。

## 装饰

9　沥干油脂放凉，切开（不切断），取一侧抹沙拉酱，铺起司片，另一侧挤芋头馅，中间铺入海苔肉松。

Tips　多拿兹会油腻的原因大部分是因为油温不够，面团才会带油。将油温拉高即可解决此问题。

## NO.15
# 卡士达多拿兹

### 卡士达馅

| | |
|---|---|
| 鲜奶 | 400g |
| 动物性淡奶油 | 100g |
| 细砂糖 | 100g |
| 蛋黄 | 75g |
| 玉米淀粉 | 30g |

1. 鲜奶、动物性淡奶油中小火加热至 65℃, 加热时建议不时搅拌, 避免底部烧焦。

2. 干净钢盆加入细砂糖、蛋黄、玉米淀粉拌匀。

3. 加入做法 1 拌匀, 转中小火煮至固态微滚, 表面微微冒泡。

4. 静置放凉, 装入挤花袋备用。

3　参考【烘焙流程表】，将面团送入发酵箱发酵。

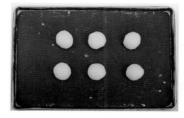

4　重新滚圆，底部收紧，轻轻拍开。

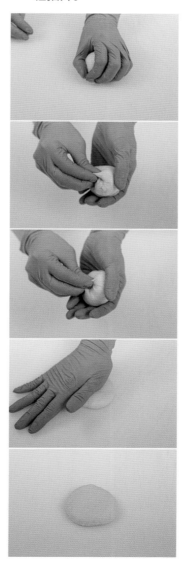

5　面团间距相等排入不粘烤盘，参考【烘焙流程表】最后发酵。

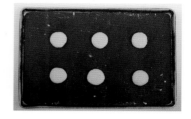

6　放入预热好的油炸油中，参考【烘焙流程表】温度时间进行油炸。

 面团表面朝下依序投入油锅，一次放 6~9 个，放入后立刻依序翻面，计 30 秒。后续每 20 ~30 秒翻面一次，避免上色过深，共炸 2 分钟。

7　沥干油脂放凉，沾细砂糖。挤花袋沿着面包侧面找一个点插入，挤 30g 卡士达馅。

 多拿兹会油腻的原因大部分是因为油温不够，面团才会带油。将油温拉高即可解决此问题。

---

**🧑‍🍳 烘焙流程表**

**❶ 搅拌基发**

详见日式多拿兹面团（P.37）制作

**❷ 分割滚圆**

50g

**❸ 中间发酵**

20 分钟（温度 25~27℃ / 湿度 85%）同时预热油锅，将油温预热至 180℃

**❹ 整形**

详阅内文

**❺ 最后发酵**

40 分钟（温度 25~27℃ / 湿度 85%）

**❻ 油炸熟制**

油温 180℃，炸 2 分钟（每 20~30 秒翻面一次）

**❼ 装饰**

详阅内文（备妥卡士达馅、细砂糖）

---

**搅拌基发**

1　面团参考【烘焙流程表】完成搅拌、基本发酵。

**分割滚圆**

2　参考【烘焙流程表】分割面团，滚圆，底部收紧、轻压，面团间距相等排入不粘烤盘中。

# ACT 4

# 酸奶软式面包

# ★ 酸奶软式面团

## 材料

| | | % | g |
|---|---|---|---|
| A | 法国粉 | 100 | 500 |
| | （鸟越牌法印） | | |
| | 盐 | 2 | 10 |
| B | ★ 酸奶种 | 25 | 125 |
| | （P.4） | | |
| | 蜂蜜 | 6 | 30 |
| | 水 | 62 | 310 |
| C | 新鲜酵母 | 3 | 15 |
| D | 无盐黄油 | 6 | 30 |

## 搅拌

1　搅拌缸加入材料 A 干性材料，倒入材料 B 湿性材料。

2　慢速搅拌 3~4 分钟，搅拌至稍微成团，加入新鲜酵母，继续搅拌至有面筋出现。

3　确认面团能拉出厚膜、破口呈锯齿状时（达扩展状态），加入无盐黄油，慢速搅拌 3 分钟，让黄油与面团大致结合。

4　转快速搅拌 2 分钟，再慢速 1 分钟，确认面团能拉出透光薄膜，破口圆润无锯齿状（达完全扩展状态），面团终温约 27℃，搅拌完成。

## 基本发酵

5　不粘烤盘喷上烤盘油（或刷任意油脂），放上面团，取面团一端 1/3 朝中心折。

6　将已折叠部分继续朝前折，把面团转向放置，轻拍表面均一化（让面团发酵比较均匀），此为三折一次。

7　放入透明盒子，再送入发酵箱发酵 60 分钟（温度 28~30°C / 湿度 85%）。

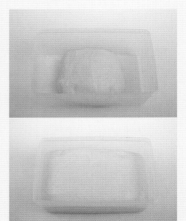

NO.16
酸奶轻软包

## 🧑‍🍳 烘焙流程表

**❶ 搅拌基发**

详见酸奶软式面团（P.49）制作

**❷ 分割滚圆**

100g

**❸ 中间发酵**

50 分钟（温度 28~30℃ / 湿度 85%）

**❹ 整形**

详阅内文

**❺ 最后发酵**

40 分钟（温度 28~30℃ / 湿度 85%）

**❻ 烤前装饰**

详阅内文（备妥软化无盐黄油）

**❼ 入炉烘烤**

上火 220℃ / 下火 180℃，喷 3 秒蒸汽，烤 13~14 分钟

---

### 搅拌基发

1　面团参考【烘焙流程表】完成搅拌、基本发酵。

### 分割滚圆

2　参考【烘焙流程表】分割面团，滚圆，底部收紧、轻压，面团间距相等排入不粘烤盘中。

---

### 中间发酵

3　参考【烘焙流程表】，将面团送入发酵箱发酵。

### 整形

4　面团轻拍排气，再以擀面棍擀开。

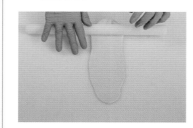

5　翻面，后部压薄，由前朝后卷起，整形成橄榄形。

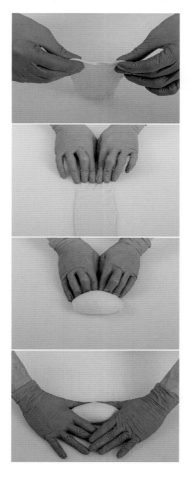

---

### 最后发酵

6　面团间距相等排入不粘烤盘，参考【烘焙流程表】最后发酵。

### 烤前装饰

7　割 1 刀，挤上软化的无盐黄油。

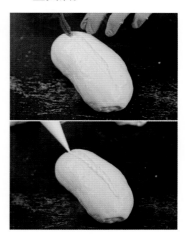

### 入炉烘烤

8　送入预热好的烤箱，参考【烘焙流程表】烘烤。

> Tips　烘烤的温度、时间数据仅供参考，须依烤箱不同微调。

NO.17
# 蒜蒜包

蒜酱

| | |
|---|---|
| 无盐黄油 | 280g |
| 动物性淡奶油 | 100g |
| 沙拉酱 | 40g |
| 蒜泥 | 65g |
| 起司粉 | 70g |
| 干燥洋香菜 | 适量 |

1. 无盐黄油隔水加热熔化。
2. 所有材料一同拌匀。

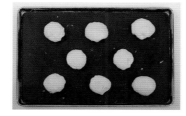

详见酸奶软面团（P.49）制作

## 烘焙流程表

**❶ 搅拌基发**

详见酸奶软面团（P.49）制作

**❷ 分割滚圆**

80g

**❸ 中间发酵**

40 分钟（温度 28~30°C / 湿度 85%）

**❹ 整形**

详阅内文

**❺ 最后发酵**

40 分钟（温度 28~30°C / 湿度 85%）

**❻ 入炉烘烤**

上火 230°C / 下火 180°C，喷 3 秒蒸汽，烤 14 分钟

**❼ 烤后装饰**

详阅内文（备妥市售原味奶酪馅、自制蒜酱）

### 搅拌基发

1　面团参考【烘焙流程表】完成搅拌、基本发酵。

### 分割滚圆

2　参考【烘焙流程表】分割面团，滚圆，底部收紧、轻压，面团间距相等排入不粘烤盘中。

### 中间发酵

3　参考【烘焙流程表】，将面团送入发酵箱发酵。

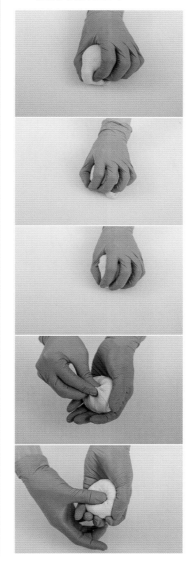

### 整形

4　依顺时针方向重新滚圆，底部收紧轻压。

### 最后发酵

5　面团间距相等排入不粘烤盘，参考【烘焙流程表】最后发酵。

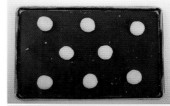

### 入炉烘烤

6　送入预热好的烤箱，参考【烘焙流程表】烘烤。

 Tips　烘烤的温度、时间数据仅供参考，须依烤箱不同微调。

### 烤后装饰

7　出炉重敲烤盘震出面包里的热气，面包静置冷却。

8　面包切三刀（不切断），剥开，在缝隙里挤市售原味奶酪馅，中心再挤一次，共挤 5~10g。面包表面抹蒜酱。

9　送入预热好的烤箱，以上火 180°C / 下火 150°C 烤 5~8 分钟，至表皮酥脆。

蜂蜜烤肉酱

| 烤肉酱 | 100g |
|---|---|
| 蜂蜜 | 20g |

☞ 烤肉酱、蜂蜜一同拌匀，备用。

### NO.18
# 酱烧起司圈

🍳 烘焙流程表

**❶ 搅拌基发**

详见酸奶软式面团（P.49）制作

**❷ 分割滚圆**

100g

**❸ 中间发酵**

40 分钟（温度 28~30℃ / 湿度 85%）

**❹ 整形**

详阅内文（备妥起司片、全蛋液、披萨丝）

**❺ 最后发酵**

30 分钟（温度 28~30℃ / 湿度 85%）

**❻ 烤前装饰**

挤沙拉酱，撒黑胡椒粒

**❼ 入炉烘烤**

上火 220℃ / 下火 190℃，烤 12 分钟

**❽ 烤后装饰**

刷蜂蜜烤肉酱，撒海苔粉

## 搅拌基发

1　面团参考【烘焙流程表】完成搅拌、基本发酵。

## 分割滚圆

2　参考【烘焙流程表】分割面团，收整为长条形，间距相等排入不粘烤盘中。

## 中间发酵

3　参考【烘焙流程表】，将面团送入发酵箱发酵。

 Tips 中间发酵好后，可以先放入冷藏室冰镇 15~20 分钟，较好整形。

## 整形

4　轻拍排气，以擀面棍擀开，转向，后端压薄。

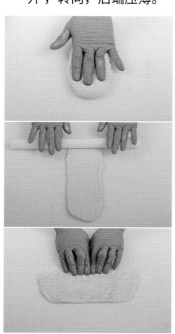

5　铺起司片，从前端收折卷起，搓成约 20 厘米长，头尾再捏合，形成圆圈状。

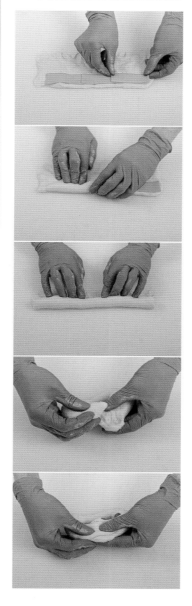

6　刷全蛋液，沾披萨丝。

## 最后发酵

7　面团间距相等排入不粘烤盘，参考【烘焙流程表】最后发酵。

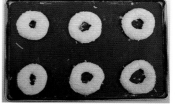

## 烤前装饰

8　挤沙拉酱，撒黑胡椒粒。

## 入炉烘烤

9　送入预热好的烤箱，参考【烘焙流程表】烘烤。

 Tips 烘烤的温度、时间数据仅供参考，须依烤箱不同微调。

## 烤后装饰

10　出炉重敲烤盘震出面包里的热气，刷蜂蜜烤肉酱，最后撒上海苔粉。

NO.19
# 红豆起司条

**❶ 搅拌基发**

详见酸奶软式面团（P.49）制作

**❷ 分割滚圆**

60g

**❸ 中间发酵**

40 分钟（温度 30℃ / 湿度 85%）

**❹ 整形**

详阅内文（割 5 刀）

**❺ 最后发酵**

40 分钟（温度 28~30℃ / 湿度 85%）

**❻ 入炉烘烤**

上火 220℃ / 下火 190℃，喷 3 秒蒸汽，烤 12 分钟

**❼ 烤后装饰**

详阅内文（备妥市售红豆馅、起司片、无盐黄油片）

### 搅拌基发

1　面团参考【烘焙流程表】完成搅拌、基本发酵。

### 分割滚圆

2　参考【烘焙流程表】分割面团，滚圆，底部收紧、轻压，面团间距相等排入不粘烤盘中。

### 中间发酵

3　参考【烘焙流程表】，将面团送入发酵箱发酵。

### 整形

4　轻拍排气，以擀面棍擀开，后端压薄。

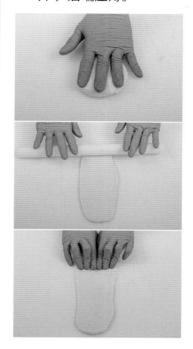

5　收折卷起，整形成长条状，间距相等排入不粘烤盘，割 5 刀。

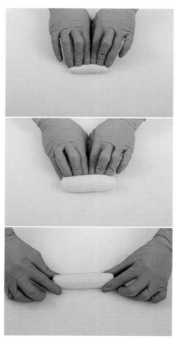

### 最后发酵

6　参考【烘焙流程表】最后发酵。

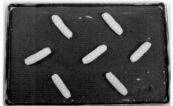

### 入炉烘烤

7　送入预热好的烤箱，参考【烘焙流程表】烘烤。

Tips　烘烤的温度、时间数据仅供参考，须依烤箱不同微调。

### 烤后装饰

8　出炉重敲烤盘震出面包内热气，面包放凉，从侧面剖开，挤红豆馅，铺起司片，夹无盐黄油片。

Tips　红豆馅可以买"秉丰"牌的。也可以自制，方法见第 79 页。

**NO.20**
# 冰心球

 **奶油馅**

| 发酵黄油 | 300g |
| --- | --- |
| 黄砂糖 | 150g |

1. 发酵黄油软化至手指按压可留下指痕的程度。
2. 钢盆加入发酵黄油、黄砂糖，以刮刀拌匀。

 **Tips** 拌至黄砂糖与黄油均匀混合，不需拌至黄砂糖溶化。

## 🍳 烘焙流程表

**❶ 搅拌基发**

详见酸奶软式面团（P.49）制作

**❷ 分割滚圆**

60g

**❸ 中间发酵**

40 分钟（温度 28~30℃ / 湿度 85%）

**❹ 整形**

详阅内文

**❺ 最后发酵**

40 分钟（温度 28~30℃ / 湿度 85%）

**❻ 烤前装饰**

筛高筋面粉，割 1 刀，挤软化无盐黄油

**❼ 入炉烘烤**

上火 220℃ / 下火 190℃，喷 3 秒蒸汽，烤 12 分钟

**❽ 烤后装饰**

详阅内文（备妥奶油馅）

## 搅拌基发

1  面团参考【烘焙流程表】完成搅拌、基本发酵。

## 分割滚圆

2  参考【烘焙流程表】分割面团，滚圆，底部收紧、轻压，面团间距相等排入不粘烤盘中。

## 中间发酵

3  参考【烘焙流程表】，将面团送入发酵箱发酵。

## 整形

4  轻拍排气，拿起面团，底部朝上放于一手掌心。

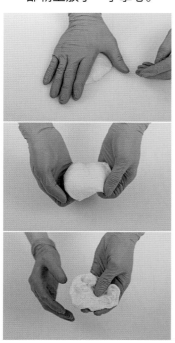

5  另一手用虎口将面团朝中心收紧，再用手指将收口处捏拢轻压。

## 最后发酵

6  面团间距相等排入不粘烤盘，参考【烘焙流程表】最后发酵。

## 烤前装饰

7  筛高筋面粉，割1刀，挤软化无盐黄油。

## 入炉烘烤

8  送入预热好的烤箱，参考【烘焙流程表】烘烤。

Tips  烘烤的温度、时间数据仅供参考，须依烤箱不同微调。

## 烤后装饰

9  出炉重敲烤盘震出面包里的热气，面包放凉，从底部灌入25g奶油馅。

10  冷藏20~30分钟，即可食用。

# ACT 5
## 居家吐司系列

# ★ 居家吐司面团

## 材料

| A | 高筋面粉 | % | g |
|---|---|---|---|
| | 高筋面粉 | 100 | 500 |
| | （鸟越牌哥磨） | | |
| | 绵白糖 | 10 | 50 |
| | 盐 | 2 | 10 |
| | 全脂奶粉 | 2 | 10 |
| B | 白美娜浓缩鲜 | 10 | 50 |
| | 乳或：动物性 | | |
| | 淡奶油 | | |
| | 鲜奶 | 20 | 100 |
| | 水 | 42 | 210 |
| C | 新鲜酵母 | 3 | 15 |
| D | ★ 鲜奶汤种 | 20 | 100 |
| | （P.5） | | |
| E | 无盐黄油 | 10 | 50 |

## 搅拌

1 搅拌缸加入材料 A 干性材料，倒入材料 B 湿性材料。

2 慢速搅拌 3~4 分钟，至稍微成团，加入新鲜酵母，继续搅拌至有面筋出现，下鲜奶汤种继续搅打。

3 确认面团能拉出厚膜、破口呈锯齿状时（达扩展状态），加入无盐黄油，慢速搅拌 3 分钟，让黄油与面团大致结合。

4 转快速搅拌 2 分钟，再慢速搅拌 1 分钟，确认面团可拉出透光薄膜，破口圆润无锯齿状（达完全扩展状态），面团终温约 25℃，搅拌完成。

## 基本发酵

5 不粘烤盘喷上烤盘油（或刷任意油脂），放上面团，取面团一端 1/3 朝中心折。

6 将已折叠部分继续朝前翻折，把面团转向放置，轻拍表面均一化（让面团发酵比较均匀），此为三折一次。

7 放入透明盒子，再送入发酵箱发酵 40 分钟（温度 25~27℃ / 湿度 85%）。

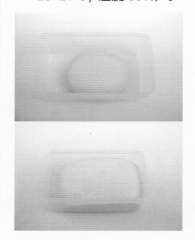

# NO.21
# 原味牛奶吐司

## 🍳 烘焙流程表

**❶ 搅拌基发**

详见居家吐司面团（P.61）制作

**❷ 分割滚圆**

240g

**❸ 中间发酵**

40 分钟（温度 28~30℃ / 湿度 85%）

**❹ 整形**

详阅内文（备妥 SN2066 模具，或按容纳面团参数 450g 准备模具）

**❺ 最后发酵**

40 分钟（温度 30℃ / 湿度 85%）

**❻ 入炉烘烤**

盖上盖子，上火 225℃ / 下火 220℃，烤 25~27 分钟

### 搅拌基发

1　面团参考【烘焙流程表】完成搅拌、基本发酵。

### 分割滚圆

2　参考【烘焙流程表】分割面团，滚圆，面团间距相等排入不粘烤盘中。

### 中间发酵

3　参考【烘焙流程表】，将面团送入发酵箱发酵。

### 整形

4　轻拍排气，面团长约15cm，转向，两端朝中心收折（此为三折一次），再次轻拍。

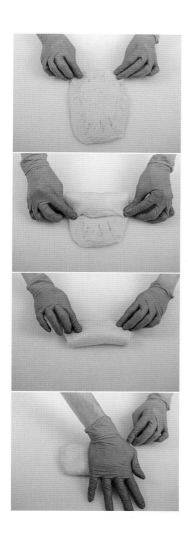

6 面团放直，以擀面棍擀成长条状，翻面，后端压薄。

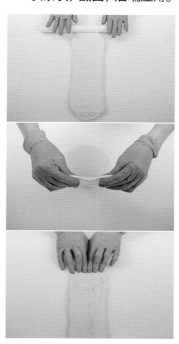

**Tips** 模具内须先喷薄薄一层烤盘油，帮助脱模。

## 最后发酵

8 面团间距相等排入不粘烤盘，参考【烘焙流程表】最后发酵。

7 由前往后卷起（不需卷太紧），2颗一模放入模具。

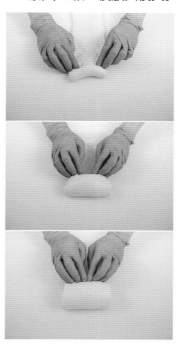

## 入炉烘烤

9 盖上盖子，送入预热好的烤箱，参考【烘焙流程表】烘烤。

**Tips** 烘烤的温度、时间数据仅供参考，须依烤箱不同微调。

5 面团间距相等放入烤盘，室温松弛20分钟。

10 出炉重敲烤盘，震出面包里的热气，拿起盖子倒扣脱模。

 **菠萝皮**

| | |
|---|---|
| 无盐黄油 | 150g |
| 糖粉（过筛） | 100g |
| 全蛋液 | 60g |

1. 无盐黄油软化至手指按压可以留下指痕之程度。

2. 钢盆加入无盐黄油、糖粉拌匀。

3. 分次加入全蛋液拌匀。

4. 使用前再与高筋或低筋面粉330g（配方外）一同拌匀，分割成35g/份。

 **奶酥馅**

| | |
|---|---|
| 无盐黄油 | 280g |
| 糖粉（过筛） | 125g |
| 盐 | 3g |
| 全脂奶粉（过筛） | 280g |
| 玉米淀粉（过筛） | 40g |
| 全蛋液 | 75g |

1. 无盐黄油软化至手指按压可以留下指痕的程度。

2. 钢盆加入无盐黄油、糖粉拌匀。

3. 分次加入全蛋液拌匀，避免油水分离。

4. 加入盐、全脂奶粉、玉米淀粉拌匀。

**NO.22**
# 菠萝奶酥吐司

**烘焙流程表**

❶ **搅拌基发**

详见居家吐司面团（P.61）制作

❷ **分割滚圆**

240g

❸ **中间发酵**

30分钟（温度28~30℃/湿度85%）

❹ **整形**

详阅内文（备妥SN2151模具或容纳面团参数为250g的吐司模具，备妥奶酥馅、全蛋液、菠萝皮）

❺ **最后发酵**

80分钟（温度25~28℃/湿度85%）

❻ **烤前装饰**

刷蛋黄液

❼ **入炉烘烤**

上火180℃/下火210℃，烤20分钟

## 搅拌基发

1　面团参考【烘焙流程表】完成搅拌、基本发酵。

## 分割滚圆

2　参考【烘焙流程表】分割面团，滚圆，底部收紧、轻压，面团间距相等排入不粘烤盘中。

## 中间发酵

3　参考【烘焙流程表】，将面团送入发酵箱发酵。

## 整形

4　轻拍排气，面团长约15cm，转向，两端朝中心收折（此为三折一次），再次轻拍。

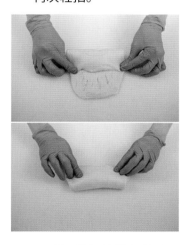

5　面团间距相等放入烤盘，室温松弛 30 分钟。

6　面团放直，以擀面棍擀成长条状，翻面，后端压薄。

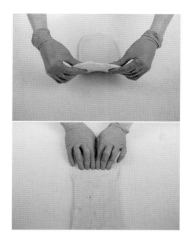

7　抹奶酥馅（后方预留五分之一不抹馅），面团由前往后卷起（不需卷太紧），表面刷全蛋液。

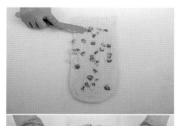

8　将分割好的菠萝皮面团沾粉，搓长至与面团等长度，擀开，以钢刀铲起放于面团表面，放入吐司模。

Tips　模具内须先喷薄薄一层烤盘油，帮助脱模。

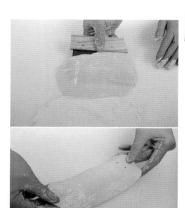

## 最后发酵

9　面团间距相等排入不粘烤盘，参考【烘焙流程表】最后发酵。

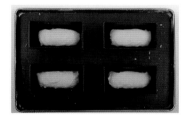

## 烤前装饰

10　刷蛋黄液。

## 入炉烘烤

11　送入预热好的烤箱，参考【烘焙流程表】烘烤。

Tips　烘烤的温度、时间数据仅供参考，须依烤箱不同微调。

| 材料 | % | g |
|---|---|---|
| ★ 居家吐司面团 见第 61 页 | | |
| 生黑芝麻 | 3 | 15 |

| 蛋黄皮 | g |
|---|---|
| 蛋黄液 | 81 |
| 糖粉（过筛） | 36 |
| 无盐黄油 | 94 |
| 低筋面粉 | 63 |

1. 无盐黄油软化至手指按压可留下指痕的程度。
2. 钢盆加入无盐黄油、糖粉拌匀。
3. 分次加入蛋黄液拌匀。
4. 加入低筋面粉切拌均匀。

## 烘焙流程表

**❶ 搅拌基发**

详见居家吐司面团（P.61）与本产品内文制作。基本发酵 40 分钟（温度 25~27℃ / 湿度 85%）

**❷ 分割滚圆**

80g

**❸ 中间发酵**

30 分钟（温度 30℃ / 湿度 85%）

**❹ 整形**

详阅内文（备妥 SN2151 模具或容纳面团参数为 250g 的吐司模具，备妥耐烤乳酪丁）

**❺ 最后发酵**

45 分钟（温度 28~30℃ / 湿度 85%）

**❻ 烤前装饰**

详阅内文（备妥耐烤乳酪丁、蛋黄皮）

**❼ 入炉烘烤**

上火 180℃ / 下火 160℃，烤 25~28 分钟

**❽ 烤后装饰**

筛防潮糖粉

**NO.23**
# 干乳酪起司吐司

## 搅拌基发

1　面团参考第 61 页"居家吐司面团"完成搅拌（至步骤4），加入生黑芝麻，慢速打至材料均匀散入面团中，进行基本发酵。

## 分割滚圆

2　参考【烘焙流程表】分割面团，滚圆，底部收紧、轻压，面团间距相等排入不粘烤盘中。

## 中间发酵

3　参考【烘焙流程表】，将面团送入发酵箱发酵。

## 整形

4　轻拍面团排气，以擀面棍擀开，翻面，后端压薄，铺 20g 耐烤乳酪丁，卷起，搓长。

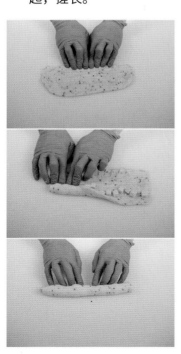

5　用 3 条面团参考下图打三股辫（不要打太紧，避免发酵后中心膨起），放入吐司模。

## 最后发酵

6　面团间距相等排入不粘烤盘，参考【烘焙流程表】最后发酵。

## 烤前装饰

7　撒耐烤乳酪丁，挤蛋黄皮。

## 入炉烘烤

8　送入预热好的烤箱，参考【烘焙流程表】烘烤。

Tips　烘烤的温度、时间数据仅供参考，须依烤箱不同微调。

## 烤后装饰

9　出炉重敲烤盘震出面包内热气，倒扣脱模，放凉后筛防潮糖粉。

材料

| | % | g |
|---|---|---|
| ★ 居家吐司面团　见第 61 页 | | |
| 烫熟西蓝花 | 20 | 100 |

☞ 西蓝花洗净、切小朵，以滚水烫熟，捞起沥干水分，再用厨房纸巾将多余水分压干。

## 烘焙流程表

**❶ 搅拌基发**

详见居家吐司面团（P.61）与本产品内文制作。基本发酵 40 分钟（温度 25~27℃ / 湿度 85%）

**❷ 分割滚圆**

80g

**❸ 中间发酵**

30 分钟（温度 30℃ / 湿度 85%）

**❹ 整形**

详阅内文（备妥 SN2151 模具或容纳面团参数为 250g 的吐司模具）

**❺ 最后发酵**

40 分钟（温度 28~30℃ / 湿度 85%）

**❻ 烤前装饰**

撒乳酪丝

**❼ 入炉烘烤**

上火 170℃ / 下火 190℃，烤 25 分钟

**❽ 烤后装饰**

撒海苔粉

**NO.24**
# 花椰菜蔬果吐司

## 搅拌基发

1 面团参考第 71 页 "居家吐司面团" 完成搅拌（至步骤 4）。面团放至桌面，铺上烫熟西蓝花，折起。

2 在面团上切 "十字"，再将形成的四边各切 4 刀并拉开，再收入中心揉成团，重复以上动作 2~3 次，让材料均匀散入面团中，参考【烘焙流程表】进行基本发酵。

## 分割滚圆

3 参考【烘焙流程表】分割面团，滚圆，底部收紧、轻压，面团间距相等排入不粘烤盘中。

## 中间发酵

4 参考【烘焙流程表】，将面团送入发酵箱发酵。

## 整形

5 重新滚圆，底部收紧、轻压，三个一组放入吐司模。

Tips 模具内须先喷薄薄一层烤盘油，帮助脱模。

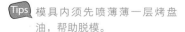

## 最后发酵

6 面团间距相等排入不粘烤盘，参考【烘焙流程表】最后发酵。

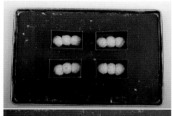

## 烤前装饰

7 撒乳酪丝。

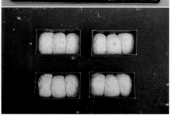

## 入炉烘烤

8 送入预热好的烤箱，参考【烘焙流程表】烘烤。

Tips 烘烤的温度、时间数据仅供参考，须依烤箱不同微调。

## 烤后装饰

9 出炉重敲烤盘震出面包内热气，倒扣脱模，放凉后撒上海苔粉。

# NO.25
# 洛神花小吐司

## 材料

| | % | g |
|---|---|---|
| ★ 居家吐司面团 | 见第 61 页 | |
| 麦之田洛神花片 | 10 | 50 |

### 墨西哥酱

| | g |
|---|---|
| 无盐黄油 | 100 |
| 糖粉（过筛） | 90 |
| 全蛋液 | 100 |
| 低筋面粉（过筛） | 110 |

1. 无盐黄油软化至手指按压可留下指痕的程度。
2. 钢盆加入无盐黄油、糖粉拌匀。
3. 分次加入全蛋液拌匀。
4. 加入低筋面粉切拌均匀，装入挤花袋中备用。

### 🧑‍🍳 烘焙流程表

**❶ 搅拌基发**

详见居家吐司面团（P.61）与本产品内文制作。基本发酵40 分钟（温度 25~27℃ / 湿度 85%）

**❷ 分割滚圆**

80g

**❸ 中间发酵**

30 分钟（温度 30℃ / 湿度 85%）

**❹ 整形**

详阅内文（备妥 SN2151 模具或容纳面团参数为 250g 的吐司模具）

**❺ 最后发酵**

40 分钟（温度 28~30℃ / 湿度 85%）

**❻ 烤前装饰**

详阅内文（备妥墨西哥酱、洛神花干）

**❼ 入炉烘烤**

上火 170℃ / 下火 160℃，烤25 分钟

**❽ 烤后装饰**

详阅内文（备妥防潮糖粉、开心果碎）

## 搅拌基发

1　面团参考第 61 页"居家吐司面团"完成搅拌（至步骤4）。面团放至桌面，铺上洛神花干，卷起，再压成长条，转向，后端压薄，向前卷起成团状。

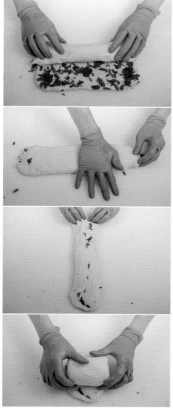

2　在面团上切"十字"，再将形成的四边各切 4 刀并拉开，再收入中心揉成团，重复以上动作 2~3 次，让材料均匀散入面团中，参考【烘焙流程表】进行基本发酵。

## 分割滚圆

3　参考【烘焙流程表】分割面团，滚圆，底部收紧、轻压，面团间距相等排入不粘烤盘中。

## 中间发酵

4　参考【烘焙流程表】，将面团送入发酵箱发酵。

## 整形

5　重新滚圆，底部收紧、轻压，三个一组放入吐司模。

Tips 模具内须先喷薄薄一层烤盘油，帮助脱模。

## 最后发酵

6　面团间距相等排入不粘烤盘，参考【烘焙流程表】最后发酵。

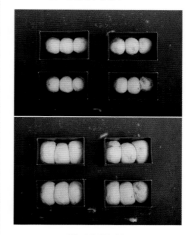

## 烤前装饰

7　挤 5g 墨西哥酱，撒麦之田洛神花片。

## 入炉烘烤

8　送入预热好的烤箱，参考【烘焙流程表】烘烤。

Tips 烘烤的温度、时间数据仅供参考，需依烤箱不同微调。

## 烤后装饰

9　出炉重敲烤盘震出面包内热气，倒扣脱模，放凉后隔着刮板筛防潮糖粉，撒开心果碎。

NO.26
# 可可蔓越莓吐司

## 材料

| | | % | g |
|---|---|---|---|
| A | 高筋面粉 | 100 | 500 |
| | （鸟越牌哥磨） | | |
| | 可可粉 | 3 | 15 |
| | 细砂糖 | 14 | 70 |
| | 盐 | 1.4 | 7 |
| B | 新鲜酵母 | 3 | 15 |
| C | 全蛋 | 10 | 50 |
| | 鲜奶 | 10 | 50 |
| | 水 | 50 | 250 |
| | ★ 法国老面 | 20 | 100 |
| | （P.5） | | |
| D | 无盐黄油 | 30 | 150 |
| E | 水滴巧克力豆 | 12 | 60 |
| | 蔓越莓干 | 24 | 120 |
| | 兰姆酒 | 4 | 20 |

Tips 材料 E 的蔓越莓干、兰姆酒可先于制作前一晚混合，让果干在酒中泡约 8~12 小时。

---

### 烘焙流程表

**❶ 搅拌**

详阅内文

**❷ 基本发酵**

60 分钟（温度 32℃ / 湿度 75%）

**❸ 分割滚圆**

130g

**❹ 中间发酵**

30 分钟（温度 32℃ / 湿度 75%）

---

**❺ 整形**

详阅内文（备妥 SN2120 模具或容纳面团参数为 250g 的吐司模具）

**❻ 最后发酵**

70~80 分钟（温度 32℃ / 湿度 75%）

**❼ 烤前装饰**

刷全蛋液

**❽ 入炉烘烤**

上火 170℃ / 下火 200℃，烤 27~32 分钟

---

### 搅拌

1. 搅拌缸加入材料 A 干性材料、材料 B 新鲜酵母、材料 C 湿性材料。

2. 慢速搅拌 5 分钟，转中速搅拌 2 分钟。

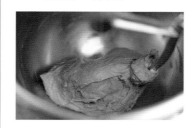

3. 确认面团能拉出厚膜、破口呈锯齿状时（达扩展状态），加入无盐黄油，慢速搅拌 3 分钟，让黄油与面团大致结合。

---

4. 转中速搅拌 3~4 分钟，下材料 E 慢速搅拌 1 分钟，打至材料均匀散入面团，确认面团能拉出透光薄膜，破口圆润无锯齿状（达完全扩展状态），面团终温约 26℃，搅拌完成。

### 基本发酵

5. 不粘烤盘喷上烤盘油（或刷任意油脂），放上面团，取面团一端 1/3 朝中心折。

6. 将已折叠部分继续朝前翻折，把面团转向放置，轻拍表面均一化（让面团发酵比较均匀），此为三折一次。

7. 送入发酵箱参考【烘焙流程表】发酵。

Tips 发酵后面团撒适量高筋面粉（手粉），手指也沾适量，戳入面团，指痕不回缩即是发酵完成。

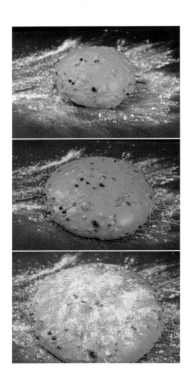

中间发酵

9 参考【烘焙流程表】，将面团送入发酵箱发酵。

整形

10 重新滚圆，底部收紧、轻压，两个一组放入吐司模。

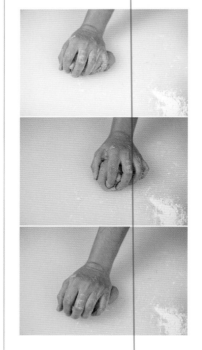

分割滚圆

8 参考【烘焙流程表】分割面团，滚圆，底部收紧、轻压，面团间距相等排入不粘烤盘中。

Tips 模具内须先喷薄薄一层烤盘油，帮助脱模。

## 最后发酵

11 面团间距相等排入不粘烤盘，参考【烘焙流程表】最后发酵。

## 烤前装饰

12 刷全蛋液。

## 入炉烘烤

13 送入预热好的烤箱，参考【烘焙流程表】烘烤。

 烘烤的温度、时间数据仅供参考，须依烤箱不同微调。

# ACT **6**

# 软欧
# 面包

NO.27
绿代子

| 材料 | % | g |
|---|---|---|
| A 高筋面粉 | 100 | 500 |
| （鸟越牌纯芯） | | |
| 抹茶粉 | 3 | 15 |
| 细砂糖 | 15 | 75 |
| 盐 | 1 | 5 |
| B 新鲜酵母 | 3 | 15 |
| C 全蛋 | 10 | 50 |
| 鲜奶 | 20 | 100 |
| 水 | 37 | 185 |
| ★ 法国老面 | 20 | 100 |
| （P.5） | | |
| D 无盐黄油 | 10 | 50 |
| E 蔓越莓干 | 20 | 100 |

## 抹茶墨西哥馅

| | g |
|---|---|
| 无盐黄油 | 100 |
| 细砂糖 | 100 |
| 全蛋 | 100 |
| 低筋面粉 | 90 |
| 抹茶粉 | 10 |

1. 向锅子中加入无盐黄油，中火加热熔化。
2. 向钢盆中加入所有材料，拌匀，放凉。
3. 装入挤花袋备用。

## 红豆馅

| | g |
|---|---|
| 生红豆 | 300 |
| 冰糖 | 30 |
| 蜂蜜 | 90 |
| 无盐黄油 | 70 |
| 动物性淡奶油 | 100 |

1. 生红豆洗净泡入冷水中，泡 8~12 小时。
2. 准备一锅滚水煮软生红豆，沥干水分。
3. 将全部材料加入锅中，中火煮到收汁后，平铺于烤盘上冷却。

Tips 抹茶墨西哥馅与红豆馅保存时须冷藏，建议 2 天内使用完毕。

### 🧑‍🍳 烘焙流程表

**❶ 搅拌**
详阅内文

**❷ 基本发酵**
50 分钟（温度 32℃ / 湿度 75%）

**❸ 分割滚圆**
170g

**❹ 中间发酵**
30 分钟（温度 32℃ / 湿度 75%）

**❺ 整形**
详阅内文（备妥红豆馅）

**❻ 最后发酵**
40~50 分钟（温度 32℃ / 湿度 75%）

**❼ 烤前装饰**
详阅内文（备妥抹茶墨西哥馅、生白芝麻）

**❽ 入炉烘烤**
上火 210℃ / 下火 150℃，烤 13 分钟

---

### 搅拌

1. 搅拌缸加入材料 A 干性材料、材料 B 新鲜酵母、材料 C 湿性材料。

2. 慢速搅拌 5 分钟，转中速搅拌 2 分钟。

3. 确认面团能拉出厚膜、破口呈锯齿状时（达扩展状态），加入无盐黄油，慢速搅拌 3 分钟，让黄油与面团大致结合。

79

4 转中速搅拌 3~4 分钟，下蔓越莓干慢速搅拌 1 分钟，打至材料均匀散入面团，确认面团可拉出透光薄膜，破口圆润无锯齿状（达完全扩展状态），面团终温约 25℃，搅拌完成。

## 基本发酵

5 不粘烤盘喷上烤盘油（或刷任意油脂），放上面团，取面团一端 1/3 朝中心折。

6 将已折叠部分继续朝前翻折，把面团转向放置，轻拍表面均一化（让面团发酵比较均匀），此为三折一次。

7 送入发酵箱参考【烘焙流程表】发酵。

Tips 发酵后面团表面撒适量高筋面粉（手粉），手指也沾适量，戳入面团，指痕不回缩即是发酵完成。

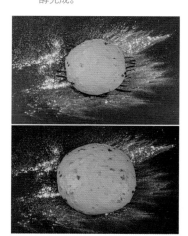

## 分割滚圆

8 参考【烘焙流程表】分割面团，轻轻拍开，收折成橄榄形。面团间距相等排入不粘烤盘中。

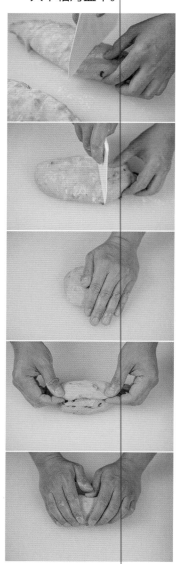

## 中间发酵

9 参考【烘焙流程表】，将面团送入发酵箱发酵。

## 整形

10 轻拍排气，以擀面棍擀开，翻面。将面团四边往外拉，大致整形成长方形。

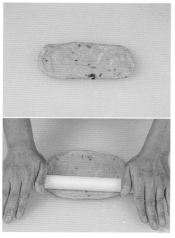

11 抹 50g 红豆馅，收折成长条，收口处捏紧。搓长面团至约 30cm。将各面团间距相等排入不粘烤盘，每个绕成半月形。

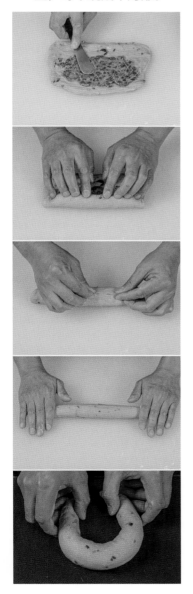

12 参考【烘焙流程表】最后发酵。

13 挤 30g 抹茶墨西哥馅，撒 1g 生白芝麻。

14 送入预热好的烤箱，参考【烘焙流程表】烘烤。

 Tips 烘烤的温度、时间数据仅供参考，须依烤箱不同微调。

NO.28
# 青酱熏鸡

##  材料

| | | % | g |
|---|---|---|---|
| A | 高筋面粉 | 100 | 500 |
| | （鸟越牌纯芯） | | |
| | 细砂糖 | 6 | 30 |
| | 盐 | 1.8 | 9 |
| | 全脂奶粉 | 3 | 15 |
| B | 新鲜酵母 | 3 | 15 |
| C | ★ 青酱 | 8 | 40 |
| | 水 | 60 | 300 |
| | ★ 法国老面 | 20 | 100 |
| | （P.5） | | |
| D | 无盐黄油 | 8 | 40 |

##  青酱

| | g |
|---|---|
| 罗勒 | 70 |
| 帕玛森起司粉 | 50 |
| 烤过松子 | 50 |
| 蒜瓣 | 15 |
| 盐 | 3 |
| 黑胡椒粉 | 1 |
| 橄榄油 | 120 |

1. 罗勒洗净晾干。
2. 全部材料用调理机打碎成泥，完成。

Tips 冷藏保存，建议 5 天内使用完毕。

## 熏鸡肉馅

| | g |
|---|---|
| 熏鸡肉丝 | 200 |
| 高熔点乳酪丁 | 100 |
| 细黑胡椒粉 | 1 |

☞ 所有材料混合均匀，完成。

Tips 冷藏保存，建议 3 天内使用完毕。

---

### 🍳 烘焙流程表

**❶ 搅拌**
详阅内文（备妥青酱）

**❷ 基本发酵**
50 分钟（温度 32℃ / 湿度 75%）

**❸ 分割滚圆**
200g

**❹ 中间发酵**
30 分钟（温度 32℃ / 湿度 75%）

**❺ 整形**
详阅内文（备妥青酱、熏鸡肉馅、生白芝麻）

**❻ 最后发酵**
40~50 分钟（温度 32℃ / 湿度 75%）

**❼ 烤前装饰**
割 4 刀

**❽ 入炉烘烤**
上火 210℃ / 下火 160℃，喷 3 秒蒸汽，烤 15 分钟

---

### 搅拌

1. 搅拌缸加入材料 A 干性材料、材料 B 新鲜酵母、材料 C 湿性材料。

2. 慢速搅拌 5 分钟，转中速搅拌 2 分钟。

---

3. 确认面团能拉出厚膜、破口呈锯齿状时（达扩展状态），加入无盐黄油，慢速搅拌 3 分钟，让黄油与面团大致结合。

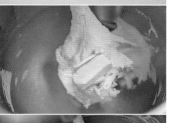

4. 转中速搅拌 3~4 分钟，确认面团能拉出透光薄膜，破口圆润无锯齿状（达完全扩展状态），面团终温约 25℃，搅拌完成。

## 基本发酵

5 不粘烤盘喷上烤盘油（或刷任意油脂），放上面团，取面团一端 1/3 朝中心折。

6 将已折叠部分继续朝前翻折，把面团转向放置，轻拍表面均一化（让面团发酵比较均匀），此为三折一次。

7 送入发酵箱，参考【烘焙流程表】发酵。

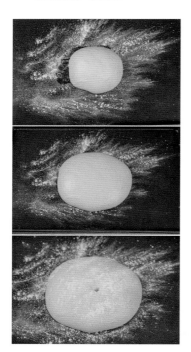

Tips 发酵后面团撒适量高筋面粉（手粉），手指也沾适量，戳入面团，指痕不回缩即是发酵完成。

## 分割滚圆

8 参考【烘焙流程表】分割面团，轻轻拍开，收折成圆形，面团间距相等排入不粘烤盘中。

## 中间发酵

9 参考【烘焙流程表】，将面团送入发酵箱发酵。

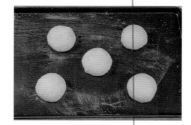

## 整形

10 轻拍面团排气，以擀面棍擀开，翻面，后端压薄。

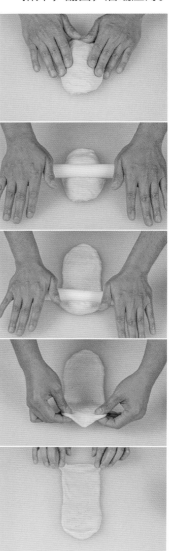

11 于 2/3 处抹上 5g 青酱，铺 50g 熏鸡肉馅，收卷成长条，收口处捏紧。

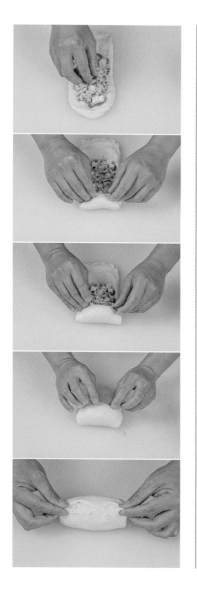

12　面团间距相等排入不粘烤盘，喷水，沾生白芝麻。

### 最后发酵

13　参考【烘焙流程表】最后发酵。

### 烤前装饰

14　割4刀。

### 入炉烘烤

15　送入预热好的烤箱，参考【烘焙流程表】烘烤。

Tips　烘烤的温度、时间数据仅供参考，须依烤箱不同微调。

85

NO.29
# 芒芒哒

## 材料

| | | % | g |
|---|---|---|---|
| A | 高筋面粉 | 100 | 500 |
| | （鸟越牌纯芯） | | |
| | 细砂糖 | 7 | 35 |
| | 盐 | 1 | 5 |
| | 牛老大特级全脂奶粉 | 3 | 15 |
| B | 新鲜酵母 | 3 | 15 |
| C | 宝茸芒果果泥 | 20 | 100 |
| | 水 | 45 | 225 |
| | ★ 法国老面（P.5） | 20 | 100 |
| D | 无盐黄油 | 8 | 40 |
| | 熟黑芝麻 | 2 | 10 |

## 芒果乳酪馅

| | g |
|---|---|
| Luxe 乳酪或：Kiri 奶油奶酪 | 500 |
| 宝茸（boiron）芒果泥 | 50 |
| 芒果干丁 | 250 |

☞ 所有材料拌匀。

Tips 冷藏保存，建议 5 天内使用完毕。

## 烘焙流程表

❶ **搅拌**
详阅内文

❷ **基本发酵**
50 分钟（温度 32℃ / 湿度 75%）

❸ **分割滚圆**
70g

❹ **中间发酵**
30 分钟（温度 32℃ / 湿度 75%）

❺ **整形**
详阅内文（准备尺寸约为长 15cm × 宽 8cm × 高 5cm 的小浴缸硅胶吐司模、芒果乳酪馅）

❻ **最后发酵**
40~50 分钟（温度 32℃ / 湿度 75%）

❼ **烤前装饰**
筛高筋面粉

❽ **入炉烘烤**
上火 170℃ / 下火 180℃，喷 3 秒蒸汽，烤 18 分钟

1 搅拌缸加入材料 A 干性材料、材料 B 新鲜酵母、材料 C 湿性材料。

2 慢速搅拌 5 分钟，转中速搅拌 2 分钟。

3 确认面团能拉出厚膜、破口呈锯齿状时（达扩展状态），加入材料 D，慢速搅拌 3 分钟，让黄油与面团大致结合。

4 转中速搅拌 3~4 分钟，确认面团能拉出透光薄膜，破口圆润无锯齿状（达完全扩展状态），面团终温约 25℃，搅拌完成。

## 基本发酵

5 不粘烤盘喷上烤盘油（或刷任意油脂），放上面团，取面团一端 1/3 朝中心折。

6 将已折叠部分继续朝前翻折，把面团转向放置，轻拍表面均一化（让面团发酵比较均匀），此为三折一次。

7 送入发酵箱，参考【烘焙流程表】发酵。

Tips 发酵后面团撒适量高筋面粉（手粉），手指也沾适量，戳入面团，指痕不回缩即是发酵完成。

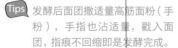

## 分割滚圆

8 参考【烘焙流程表】分割面团，滚圆，间距相等排入不粘烤盘中。

## 中间发酵

9 参考【烘焙流程表】，将面团送入发酵箱发酵。

## 整形

10 轻拍面团排气，以擀面棍擀开，翻面，后端压薄。

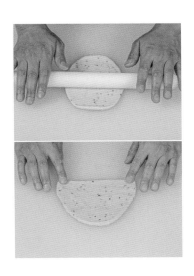

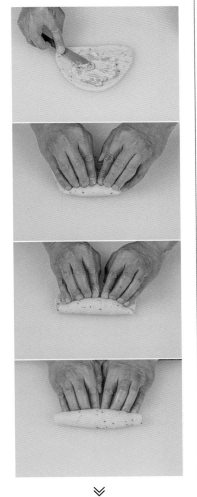

11 于 1/2 处抹上 40g 芒果乳酪馅，收卷成条状，搓至长约 18cm。

12 两条面团交叉打成辫子。硅胶模喷烤盘油，放入整形好的面团。

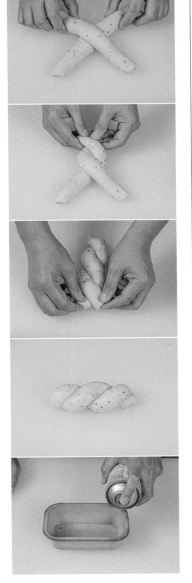

### 最后发酵

13 面团间距相等排入不粘烤盘，参考【烘焙流程表】最后发酵。

### 烤前装饰

14 筛高筋面粉。

### 入炉烘烤

15 送入预热好的烤箱，参考【烘焙流程表】烘烤。

Tips 烘烤的温度、时间数据仅供参考，须依烤箱不同微调。

# 全麦威尼斯

## 材料

| A | 高筋面粉 | % | g |
|---|---|---|---|
| A | 高筋面粉 | 80 | 400 |
| | （鸟越牌哥磨） | | |
| | 全麦粉 | 20 | 100 |
| | 熟胚芽粉 | 5 | 25 |
| | 细砂糖 | 10 | 50 |
| | 盐 | 1.2 | 6 |
| B | 新鲜酵母 | 3 | 15 |
| C | 鲜奶 | 10 | 50 |
| | 水 | 60 | 300 |
| | ★ 法国老面 | 10 | 50 |
| | （P.5） | | |
| D | 无盐黄油 | 8 | 40 |
| E | 蔓越莓干 | 30 | 150 |

### 杏仁霜

| | g |
|---|---|
| 杏仁粉（过筛） | 50 |
| 纯糖粉（过筛） | 50 |
| 杏仁碎 | 250 |
| 蛋白 | 270 |

☞ 使用前再把全部材料拌匀。

**Tips** 冷藏保存，建议 2 天内使用完毕。

## 烘焙流程表

**❶ 搅拌**

详阅内文

**❷ 基本发酵**

50 分钟（温度 32℃ / 湿度 75%）

**❸ 分割滚圆**

200g

**❹ 中间发酵**

30 分钟（温度 32℃ / 湿度 75%）

**❺ 整形**

详阅内文

**❻ 最后发酵**

40~50 分钟（温度 32℃ / 湿度 75%）

**❼ 烤前装饰**

抹杏仁霜，筛纯糖粉

**❽ 入炉烘烤**

上火 210℃ / 下火 150℃，烤 16 分钟

## 搅拌

1. 搅拌缸加入材料 A 干性材料、材料 B 新鲜酵母、材料 C 湿性材料。

2. 慢速搅拌 5 分钟，转中速搅拌 2 分钟。

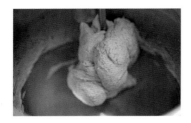

3. 确认面团能拉出厚膜、破口呈锯齿状时（达扩展状态），加入无盐黄油，慢速搅拌 3 分钟，让黄油与面团大致结合。

4. 转中速搅拌 3~4 分钟，确认面团能拉出透光薄膜，破口圆润无锯齿状（达完全扩展状态），下蔓越莓干慢速搅打 1 分钟，打至材料均匀散入面团，面团终温约 25℃，搅拌完成。

## 基本发酵

5. 不粘烤盘喷上烤盘油（或刷任意油脂），放上面团，取面团一端 1/3 朝中心折。

6. 将已折叠部分继续朝前翻折，把面团转向放置，轻拍表面均一化（让面团发酵比较均匀），此为三折一次。

7. 送入发酵箱，参考【烘焙流程表】发酵。

Tips 发酵后面团表面撒适量高筋面粉（手粉），手指也沾适量，戳入面团，指痕不回缩即是发酵完成。

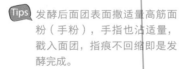

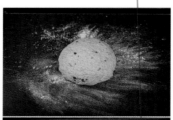

## 分割滚圆

8. 参考【烘焙流程表】分割面团，滚圆，面团间距相等排入不粘烤盘中。

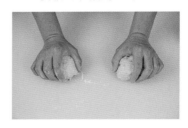

## 中间发酵

9. 参考【烘焙流程表】，将面团送入发酵箱发酵。

## 整形

10. 轻拍排气，面团收折成橄榄形。

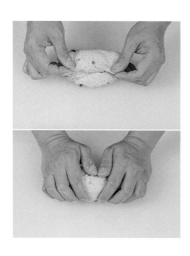

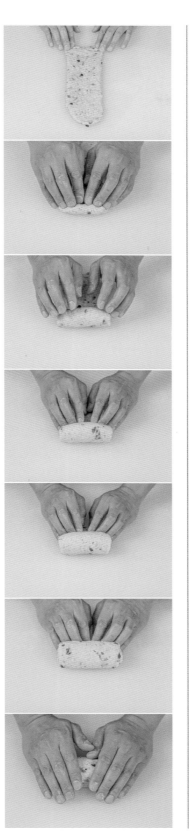

11 转向，轻轻拍开，以擀面棍擀开。

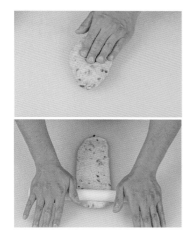

12 翻面，后端压薄，收卷成长条状，搓至长约12cm。

**最后发酵**

13 面团间距相等排入不粘烤盘，参考【烘焙流程表】最后发酵。

**烤前装饰**

14 抹杏仁霜，筛纯糖粉。

**入炉烘烤**

15 送入预热好的烤箱，参考【烘焙流程表】烘烤。

Tips 烘烤的温度、时间数据仅供参考，须依烤箱不同微调。

## NO.31
## 全麦香肠

### 材料

| | | % | g |
|---|---|---|---|
| A | 高筋面粉 | 80 | 400 |
| | （鸟越牌哥磨） | | |
| | 全麦粉 | 20 | 100 |
| | 熟小麦胚芽粉 | 5 | 25 |
| | 细砂糖 | 10 | 50 |
| | 盐 | 1.2 | 6 |
| B | 新鲜酵母 | 3 | 15 |
| C | 鲜奶 | 10 | 50 |
| | 水 | 60 | 300 |
| | ★ 法国老面 | 10 | 50 |
| | （P.5） | | |
| D | 无盐黄油 | 8 | 40 |
| E | 蔓越莓干 | 30 | 150 |

### 烘焙流程表

**❶ 搅拌**

详阅内文

**❷ 基本发酵**

50 分钟（温度 32℃ / 湿度 75%）

**❸ 分割滚圆**

100g

**❹ 中间发酵**

30 分钟（温度 32℃ / 湿度 75%）

**❺ 整形**

详阅内文

**❻ 最后发酵**

40 分钟（温度 32℃ / 湿度 75%）

**❼ 烤前装饰**

刷全蛋液，中间压入一根德式香肠，撒乳酪丝

**❽ 入炉烘烤**

上火 230℃ / 下火 150℃，烤 10~12 分钟

## 搅拌

1　搅拌缸加入材料 A 干性材料、材料 B 新鲜酵母、材料 C 湿性材料。

2　慢速搅拌 4 分钟，转中速搅拌 2 分钟。

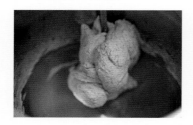

3　确认面团能拉出厚膜、破口呈锯齿状时（达扩展状态），加入无盐黄油，慢速搅拌 3 分钟，让黄油与面团大致结合。

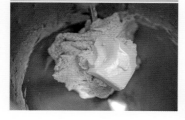

4　转中速搅拌 3~4 分钟，确认面团能拉出透光薄膜，破口圆润无锯齿状（达完全扩展状态），下蔓越莓干慢速搅打 1 分钟，打至材料均匀散入面团，面团终温约 25℃，搅拌完成。

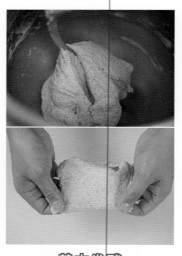

## 基本发酵

5　不粘烤盘喷上烤盘油（或刷任意油脂），放上面团，取面团一端 1/3 朝中心折。

6　将已折叠部分继续朝前翻折，把面团转向放置，轻拍表面均一化（让面团发酵比较均匀），此为三折一次。

7　送入发酵箱参考【烘焙流程表】发酵。

> Tips　发酵后面团表面撒适量高筋面粉（手粉），手指也沾适量，戳入面团，指痕不回缩即是发酵完成。

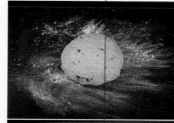

## 分割滚圆

8　参考【烘焙流程表】分割面团，滚圆，面团间距相等排入不粘烤盘中。

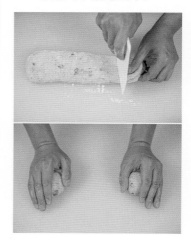

## 中间发酵

9　参考【烘焙流程表】，将面团送入发酵箱发酵。

## 整形

10 面团搓成长条状，转向，
轻轻拍开。

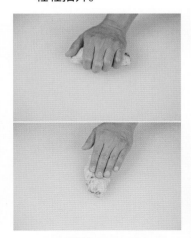

11 以擀面棍擀至长约 20cm。

12 面团间距相等排入不粘
烤盘。

## 最后发酵

13 参考【烘焙流程表】最后
发酵。

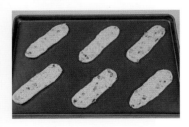

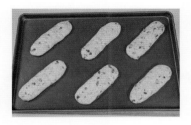

## 烤前装饰

14 刷全蛋液，中间压入一根
德式香肠，撒10g乳酪丝。

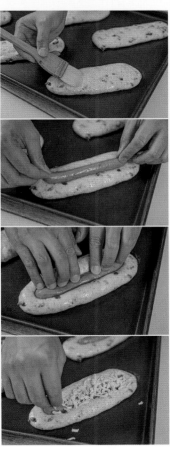

## 入炉烘烤

15 送入预热好的烤箱，参考
【烘焙流程表】烘烤。

**Tips** 烘烤的温度、时间数据仅供参
考，须依烤箱不同微调。

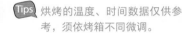

**NO.32**
# 塞纳左岸

 奶酥馅    **g**

| | | |
|---|---|---|
| A | 无盐黄油 | 250 |
| | 糖粉 | 150 |
| | 盐 | 2 |
| B | 全蛋液 | 50 |
| C | 全脂奶粉 | 250 |
| | 水滴黑巧克力豆 | 50 |

1. 材料 A 一同打发，打至出现白色绒毛状。
2. 分三次加入全蛋液拌匀，避免一次加入油水分离。
3. 加入材料 C 拌匀，完成。

Tips 冷藏保存，建议 5 天内使用完毕。

 材料

| | | % | g |
|---|---|---|---|
| A | 高筋面粉 | 100 | 500 |
| | （鸟越牌纯芯） | | |
| | 即溶咖啡粉 | 1.4 | 7 |
| | 细砂糖 | 12 | 60 |
| | 盐 | 1 | 5 |
| B | 新鲜酵母 | 3 | 15 |
| C | 鲜奶 | 10 | 50 |
| | 水 | 40 | 200 |
| | ★ 汤种（P.4） | 20 | 100 |
| | 全蛋 | 10 | 50 |
| D | 无盐黄油 | 8 | 40 |

 咖啡杏仁皮    **g**

| | |
|---|---|
| 无盐黄油 | 100 |
| 细砂糖 | 100 |
| 即溶咖啡粉 | 7 |
| 水 | 20 |
| 全蛋液 | 100 |
| 杏仁粉 | 50 |
| 低筋面粉 | 50 |

1. 即溶咖啡粉、水预先混匀。
2. 无盐黄油中火加热熔化，全部材料混合均匀。

Tips 冷藏保存，建议 3 天内使用完毕。

👨‍🍳 烘焙流程表

❶ **搅拌**
详阅内文

❷ **基本发酵**
50 分钟（温度 32℃ / 湿度 75%）

❸ **分割滚圆**
100g

❹ **中间发酵**
30 分钟（温度 32℃ / 湿度 75%）

❺ **整形**
详阅内文（备妥奶酥馅）

❻ **最后发酵**
50 分钟（温度 32℃ / 湿度 75%）

❼ **烤前装饰**
挤咖啡杏仁皮

❽ **入炉烘烤**
上火 210℃ / 下火 150℃，烘烤 15 分钟

❾ **烤后装饰**
筛防潮可可粉

1 搅拌缸加入材料 A 干性材料、材料 B 新鲜酵母、材料 C 湿性材料。

2 慢速搅拌 5 分钟，转中速搅拌 2 分钟。

3 确认面团能拉出厚膜、破口呈锯齿状时（达扩展状态），加入无盐黄油，慢速搅拌 3 分钟，让黄油与面团大致结合。

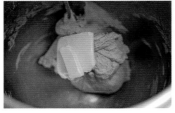

4 转中速搅拌 3~4 分钟，确认面团能拉出透光薄膜，破口圆润无锯齿状（达完全扩展状态），面团终温约 25℃，搅拌完成。

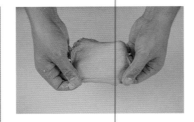

5 不粘烤盘喷上烤盘油（或刷任意油脂），放上面团，取面团一端 1/3 朝中心折。

6 将已折叠部分继续朝前折，把面团转向放置，轻拍表面均一化（让面团发酵比较均匀），此为三折一次。

7 送入发酵箱，参考【烘焙流程表】发酵。

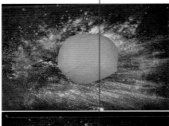

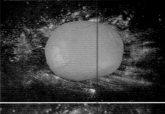

 Tips 发酵后面团表面撒适量高筋面粉（手粉），手指也沾适量，戳入面团，指痕不回缩即是发酵完成。

8 参考【烘焙流程表】分割面团，滚圆，面团间距相等排入不粘烤盘中。

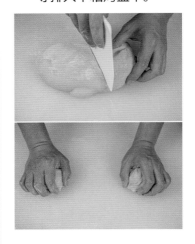

9 参考【烘焙流程表】，将面团送入发酵箱发酵。

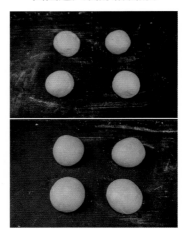

10 轻拍面团排气（使周围薄中心厚），置于掌心，抹入 50g 奶酥馅。

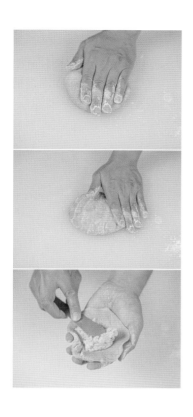

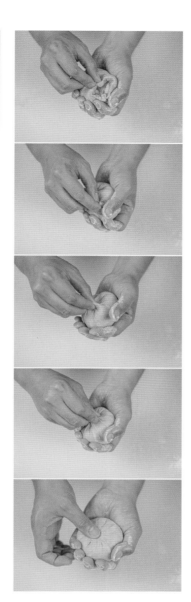

11 妥善收口，底部捏紧、轻压，整形成球形。

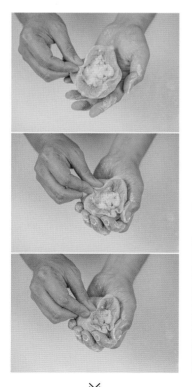

13 挤 30g 咖啡杏仁皮。

14 送入预热好的烤箱，参考【烘焙流程表】烘烤。

Tips 烘烤的温度、时间数据仅供参考，须依烤箱不同微调。

15 筛防潮可可粉。

12 面团间距相等排入不粘烤盘，参考【烘焙流程表】最后发酵。

NO.33
# 南瓜软欧包

🍞 **烘焙流程表**

❶ **搅拌**

　详阅内文

❷ **基本发酵**

　50 分钟（温度 32℃ / 湿度
　75%）

❸ **分割滚圆**

　110g

❹ **中间发酵**

　30 分钟（温度 32℃ / 湿度
　75%）

❺ **整形**

　详阅内文（备妥南瓜乳酪馅）

❻ **最后发酵**

　50 分钟（温度 32℃ / 湿度
　75%）

❼ **烤前装饰**

　筛高筋面粉，剪十字

❽ **入炉烘烤**

　上火 210℃ / 下火 150℃，喷
　3 秒蒸汽，烘烤 13 分钟

⚖ 材料

| | | % | g |
|---|---|---|---|
| A | 高筋面粉 | 100 | 500 |
| | （鸟越牌纯芯） | | |
| | 细砂糖 | 15 | 75 |
| | 盐 | 1.4 | 7 |
| | 全脂奶粉 | 3 | 15 |
| B | 新鲜酵母 | 3 | 15 |
| C | 全蛋 | 10 | 50 |
| | ★ 自制南瓜馅 | 65 | 325 |
| | 水 | 10 | 50 |
| | ★ 法国老面 | 20 | 100 |
| | （P.5） | | |
| D | 无盐黄油 | 10 | 50 |
| E | 南瓜籽 | 10 | 50 |

 配方中的"自制南瓜馅"也
可使用市售南瓜馅。

 自制南瓜馅

| | g |
|---|---|
| 新鲜南瓜块 | 500 |
| 细砂糖 | 50 |
| 市售白豆沙 | 150 |

1. 新鲜南瓜洗净，去皮
去籽切块，称出配方
重量。

2. 南瓜以电锅蒸熟后，
全部材料一同拌匀，
冷却后使用。

 冷藏保存，建议 2 天内使用
完毕。

南瓜乳酪馅

| | g |
|---|---|
| Luxe 乳酪 | 300 |
| 或：Kiri 奶油奶酪 | |
| ★ 自制南瓜馅 | 100 |

1. 乳酪软化至手指按压
可留下指痕的程度。

2. 所有材料一同拌匀。

 冷藏保存，建议 2 天内使用
完毕。
配方中的"自制南瓜馅"也
可使用市售南瓜馅。

## 搅拌

1　搅拌缸加入材料 A 干性材料、材料 B 新鲜酵母、材料 C 湿性材料。

2　慢速搅拌 5 分钟，转中速搅拌 2 分钟。

3　确认面团能拉出厚膜、破口呈锯齿状时（达扩展状态），加入无盐黄油，慢速搅拌 3 分钟，让黄油与面团大致结合。

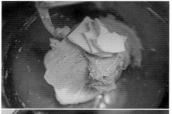

4　转中速搅拌 3~4 分钟，确认面团能拉出透光薄膜，破口圆润无锯齿状（达完全扩展状态）。

下南瓜籽慢速搅打 1 分钟，打至材料均匀散入面团，面团终温约 25℃，搅拌完成。

## 基本发酵

5　不粘烤盘喷上烤盘油（或刷任意油脂），放上面团，取面团一端 1/3 朝中心折。

6　将已折叠部分继续朝前翻折，把面团转向放置，轻拍表面均一化（让面团发酵比较均匀），此为三折一次。

7　送入发酵箱，参考【烘焙流程表】发酵。

> **Tips**　发酵后面团表面撒适量高筋面粉（手粉），手指也沾适量，戳入面团，指痕不回缩即是发酵完成。

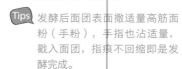

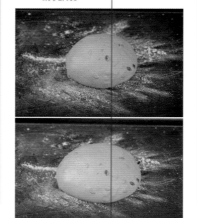

## 分割滚圆

8　参考【烘焙流程表】分割面团，滚圆，面团间距相等排入不粘烤盘中。

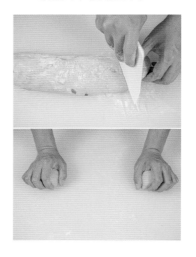

## 中间发酵

9　参考【烘焙流程表】，将面团送入发酵箱发酵。

## 整形

10 轻拍面团排气（使周围薄中心厚），置于掌心，抹入 50g 南瓜乳酪馅。

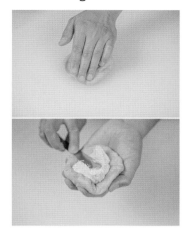

11 面团收口成球形，底部捏紧、轻压。

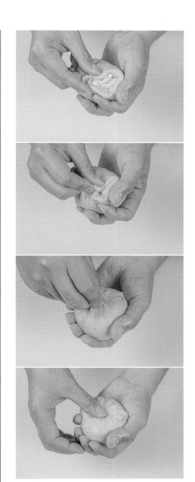

## 最后发酵

12 面团间距相等排入不粘烤盘，参考【烘焙流程表】最后发酵。

## 烤前装饰

13 筛高筋面粉，剪十字。

## 入炉烘烤

14 送入预热好的烤箱，参考【烘焙流程表】烘烤。

Tips 烘烤的温度、时间数据仅供参考，须依烤箱不同微调。

NO.34

# 谷早味

## 材料

| | | % | g |
|---|---|---|---|
| A | 高筋面粉 | 85 | 425 |
| | （鸟越牌纯芯） | | |
| | 杂粮预拌粉 * | 15 | 75 |
| | 细砂糖 | 10 | 50 |
| | 盐 | 1.4 | 7 |
| B | 新鲜酵母 | 3 | 15 |
| C | 蜂蜜 | 5 | 25 |
| | 水 | 65 | 325 |
| | ★ 法国老面 | 20 | 100 |
| | （P.5） | | |
| D | 无盐黄油 | 8 | 40 |

注：* 有芝兰雅、德麦品牌的。

## 🍳 烘焙流程表

**❶ 搅拌**

详阅内文

**❷ 基本发酵**

50 分钟（温度 32℃ / 湿度
75%）

**❸ 分割滚圆**

主面团 200g；外皮面团
60g；麦穗造型面团 40g

**❹ 中间发酵**

30 分钟（温度 32℃ / 湿度
75%）

**❺ 整形**

详阅内文（备妥红豆馅 *、肉
脯）

**❻ 最后发酵**

40 分钟（温度 32℃ / 湿度
75%）

**❼ 烤前装饰**

详阅内文（备妥高筋面粉）

**❽ 入炉烘烤**

上火 210℃ / 下火 150℃，喷
3 秒蒸汽，烘烤 18 分钟

---

注：* 红豆馅可以买"秉丰"牌的，
也可以自制，方法见第 79 页。

### 搅拌

1　搅拌缸加入材料 A 干性
材料、材料 B 新鲜酵母、
材料 C 湿性材料。

2　慢速搅拌 5 分钟，转中
速搅拌 2 分钟。

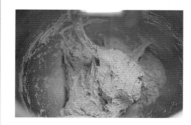

3　确认面团能拉出厚膜、破
口呈锯齿状时（达扩展状
态），加入无盐黄油，慢
速搅拌 3 分钟，让黄油与
面团大致结合。

4　转中速搅拌 3~4 分钟，确
认面团能拉出透光薄膜，
破口圆润无锯齿状（达完
全扩展状态），面团终温
约 25℃，搅拌完成。

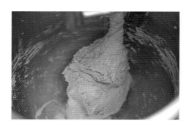

### 基本发酵

5　不粘烤盘喷上烤盘油（或
刷任意油脂），放上面
团，取面团一端 1/3 朝中
心折。

6　将已折叠部分继续朝前翻
折，把面团转向放置，轻
拍表面均一化（让面团发
酵比较均匀），此为三折
一次。

7　送入发酵箱，参考【烘焙
流程表】发酵。

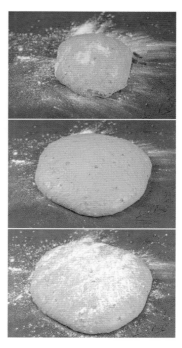

 发酵后面团表面撒适量高筋面
粉（手粉），手指也沾适量，
戳入面团，指痕不回缩即是发
酵完成。

## 分割滚圆

8　参考【烘焙流程表】分割面团，滚圆，面团间距相等排入不粘烤盘中。

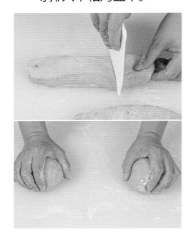

## 中间发酵

9　参考【烘焙流程表】，将面团送入发酵箱发酵。

## 整形

10　主面团收折成橄榄形，轻轻拍扁，以擀面棍擀开，翻面，后端压薄。

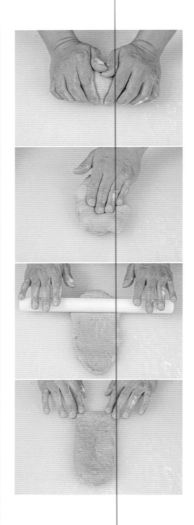

11　抹 50g 红豆馅，铺 15g 肉脯，卷起，整形成橄榄形。

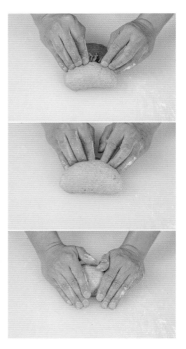

12　外皮面团沾高筋面粉，擀开，拉整成长方形。

13　放上主面团（主面团收口处朝上放置），外皮面团收口捏紧，翻面，重新收整成橄榄形。

14 麦穗造型面团沾适量高筋面粉，擀成片状，后端压薄，收卷成长条，搓成18厘米长。

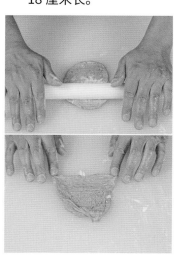

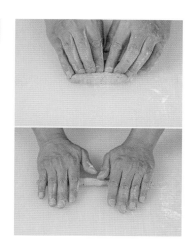

15 麦穗造型面团间距相等排入不粘烤盘，送入冰箱冷藏。

## 最后发酵

16 整形后的主面团间距相等排入不粘烤盘，参考【烘焙流程表】最后发酵。

## 烤前装饰

17 向发酵后的主面团喷水，摆上冷藏后的麦穗造型面团。

18 筛高筋面粉，两侧各割3刀，中央面团边剪边往两侧拨，拨成麦穗造型。

## 入炉烘烤

19 送入预热好的烤箱，参考【烘焙流程表】烘烤。

Tips 烘烤的温度、时间数据仅供参考，须依烤箱不同微调。

## 材料

| | | % | g |
|---|---|---|---|
| A | 高筋面粉 | 100 | 500 |
| | （鸟越牌纯芯） | | |
| | 即溶咖啡粉 | 1.4 | 7 |
| | 细砂糖 | 12 | 60 |
| | 盐 | 1 | 5 |
| B | 新鲜酵母 | 3 | 15 |
| C | 鲜奶 | 10 | 50 |
| | 水 | 40 | 200 |
| | ★ 汤种（P.4） | 20 | 100 |
| | 全蛋 | 10 | 50 |
| D | 无盐黄油 | 8 | 40 |

## 咖啡杏仁皮

| | g |
|---|---|
| 无盐黄油 | 100 |
| 细砂糖 | 100 |
| 即溶咖啡粉 | 7 |
| 水 | 20 |
| 全蛋 | 100 |
| 杏仁粉（过筛） | 50 |
| 低筋面粉（过筛） | 50 |

1. 即溶咖啡粉、水预先混匀。
2. 无盐黄油以中火加热熔化。
3. 全部材料混合均匀。

Tips 冷藏保存，建议 3 天内使用完毕。

## 🍳 烘焙流程表

❶ **搅拌**
详阅内文

❷ **基本发酵**
50 分钟（温度 32℃ / 湿度 75%）

❸ **分割滚圆**
200g

❹ **中间发酵**
30 分钟（温度 32℃ / 湿度 75%）

❺ **整形**
详阅内文（备妥高熔点乳酪丁、火腿片、生杏仁角）

❻ **最后发酵**
50 分钟（温度 32℃ / 湿度 75%）

❼ **烤前装饰**
挤咖啡杏仁皮

❽ **入炉烘烤**
上火 210℃ / 下火 150℃，烤 15 分钟

## 搅拌

1  搅拌缸加入材料 A 干性材料、材料 B 新鲜酵母、材料 C 湿性材料。

2  慢速搅拌 5 分钟，转中速搅拌 2 分钟。

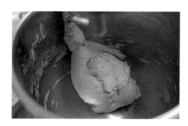

3  确认面团能拉出厚膜、破口呈锯齿状时（达扩展状态），加入无盐黄油，慢速搅拌 3 分钟，让黄油与面团大致结合。

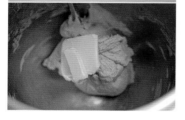

4  转中速搅拌 3~4 分钟，确认面团能拉出透光薄膜，破口圆润无锯齿状（达完全扩展状态），面团终温约 25℃，搅拌完成。

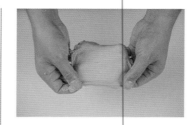

## 基本发酵

5  不粘烤盘喷上烤盘油（或刷任意油脂），放上面团，取面团一端 1/3 朝中心折。

6  将已折叠部分继续朝前翻折，把面团转向放置，轻拍表面均一化（让面团发酵比较均匀），此为三折一次。

7  送入发酵箱参考【烘焙流程表】发酵。

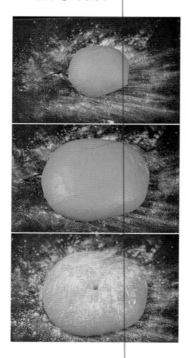

**Tips** 发酵后面团表面撒适量高筋面粉（手粉），手指也沾适量，戳入面团，指痕不回缩即是发酵完成。

## 分割滚圆

8  参考【烘焙流程表】分割面团，滚圆，面团间距相等排入不粘烤盘中。

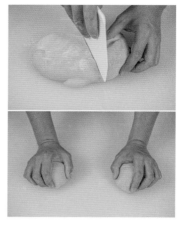

## 中间发酵

9  参考【烘焙流程表】，将面团送入发酵箱发酵。

## 整形

10  面团收折成长条状，轻轻拍扁，再以擀面棍擀开，翻面，后端压薄。

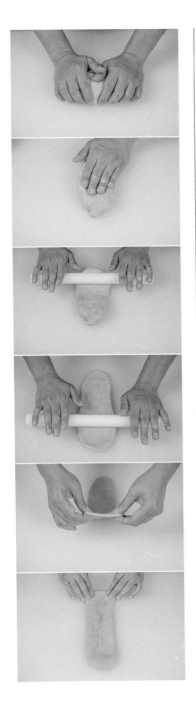

## 最后发酵

12 参考【烘焙流程表】最后
发酵。

## 烤前装饰

13 挤 40g 咖啡杏仁皮。

## 入炉烘烤

14 送入预热好的烤箱，参考
【烘焙流程表】烘烤。

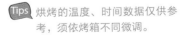 Tips 烘烤的温度、时间数据仅供参
考，须依烤箱不同微调。

11 铺上 30g 高熔点乳酪丁、
1 片火腿片，收折卷起（长
度约 10cm），收口处捏
紧。面团间距相等排入不
粘烤盘，喷水，撒 1g 生杏
仁角。

## 材料

| | | % | g |
|---|---|---|---|
| A | 高筋面粉 | 100 | 500 |
| | （鸟越牌纯芯） | | |
| | 熟小麦胚芽粉 | 4 | 20 |
| | 细砂糖 | 10 | 50 |
| | 盐 | 1.4 | 7 |
| | 全脂奶粉 | 4 | 20 |
| B | 新鲜酵母 | 3 | 15 |
| C | 全蛋 | 10 | 50 |
| | ★ 紫薯馅 | 30 | 150 |
| | 水 | 54 | 270 |
| | ★ 法国老面 | 30 | 150 |
| | （P.12） | | |
| D | 无盐黄油 | 8 | 40 |

> **Tips** 配方中的"紫薯馅"也可使用紫薯泥芋泥混合陷。

## 紫薯馅

| | g |
|---|---|
| 紫薯 | 700 |
| 炼乳 | 30 |
| 动物性淡奶油 | 70 |
| 无盐黄油 | 30 |
| 玉米淀粉（过筛） | 20 |

1. 紫薯洗净，去皮切丁，称出配方量，以电锅蒸熟。
2. 所有材料一同拌匀，放凉备用。

## 墨西哥馅

| | g |
|---|---|
| 无盐黄油 | 100 |
| 细砂糖 | 100 |
| 全蛋 | 100 |
| 低筋面粉（过筛） | 100 |

1. 无盐黄油以中火加热熔化。
2. 所有材料一同拌匀，装入挤花袋备用。

### 🍳 烘焙流程表

**❶ 搅拌**

详阅内文

**❷ 基本发酵**

50 分钟（温度 32℃ / 湿度 75%）

**❸ 分割滚圆**

210g

**❹ 中间发酵**

30 分钟（温度 32℃ / 湿度 75%）

**❺ 整形**

详阅内文（备妥紫薯馅）

**❻ 最后发酵**

50 分钟（温度 32℃ / 湿度 75%）

**❼ 烤前装饰**

挤墨西哥馅，筛紫薯粉

**❽ 入炉烘烤**

上火 210℃ / 下火 150℃，烤 17~20 分钟

---

### 搅拌

1　搅拌缸加入材料 A 干性材料、材料 B 新鲜酵母、材料 C 湿性材料。

2　慢速搅拌 5 分钟，转中速搅拌 2 分钟。

3　确认面团能拉出厚膜、破口呈锯齿状时（达扩展状态），加入无盐黄油，慢速搅拌 3 分钟，让黄油与面团大致结合。

4　转中速搅拌 3~4 分钟，确认面团能拉出透光薄膜，破口圆润无锯齿状（达完全扩展状态），面团终温约 25℃，搅拌完成。

115

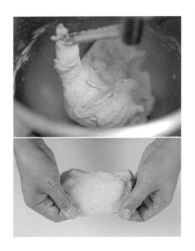

### 分割滚圆

8 参考【烘焙流程表】分割面团，滚圆，面团间距相等排入不粘烤盘中。

### 整形

10 轻拍排气，以擀面棍擀开，翻面，后端压薄。

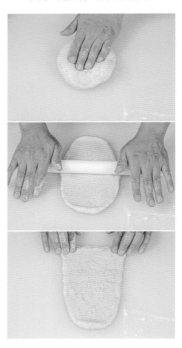

### 基本发酵

5 不粘烤盘喷上烤盘油（或刷任意油脂），放上面团，取面团一端 1/3 朝中心折。

6 将已折叠部分继续朝前翻折，把面团转向放置，轻拍表面均一化（让面团发酵比较均匀），此为三折一次。

7 送入发酵箱，参考【烘焙流程表】发酵。

> Tips 发酵后面团表面撒适量高筋面粉（手粉），手指也沾适量，戳入面团，指痕不回缩即是发酵完成。

### 中间发酵

9 参考【烘焙流程表】，将面团送入发酵箱发酵。

11 抹 60g 紫薯馅，收折卷起，收口处捏紧，搓至长约 15cm。

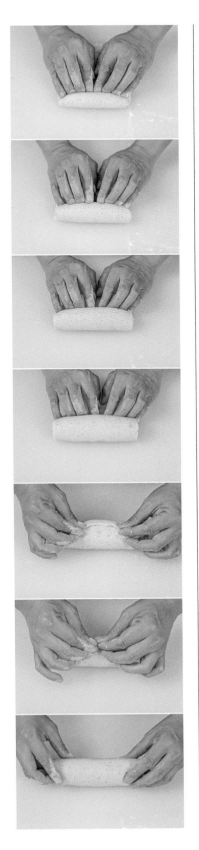

## 最后发酵

12 面团间距相等排入不粘
烤盘，参考【烘焙流程
表】最后发酵。

## 烤前装饰

13 挤 20g 墨西哥馅，筛上
紫薯粉。

## 入炉烘烤

14 送入预热好的烤箱，参考
【烘焙流程表】烘烤。

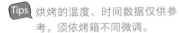

Tips 烘烤的温度、时间数据仅供参
考，须依烤箱不同微调。

NO.37
五谷米软欧包

## 材料

| | | % | g |
|---|---|---|---|
| A | 高筋面粉 | 100 | 500 |
| | （鸟越牌哥磨） | | |
| | 细砂糖 | 10 | 50 |
| | 盐 | 1.4 | 7 |
| | 熟小麦胚芽粉 | 4 | 20 |
| B | 新鲜酵母 | 3 | 15 |
| C | 鲜奶 | 20 | 100 |
| | 水 | 48 | 240 |
| | 五谷米 * | 20 | 100 |
| | ★ 法国老面 | 10 | 50 |
| | （P.5） | | |
| D | 无盐黄油 | 6 | 30 |

注：* 五谷米分别是熟的薏米、黑米、糙米、小米、葵花籽。

---

## 👨‍🍳 烘焙流程表

❶ **搅拌**

详阅内文（面团终温 25℃）

❷ **基本发酵**

50 分钟（温度 32℃ / 湿度 75%）

❸ **分割滚圆**

150g

❹ **中间发酵**

30 分钟（温度 32℃ / 湿度 75%）

❺ **整形**

详阅内文（备妥高熔点乳酪丁）

❻ **最后发酵**

50 分钟（温度 32℃ / 湿度 75%）

❼ **烤前装饰**

筛高筋面粉，剪 3 刀

❽ **入炉烘烤**

上火 200℃ / 下火 150℃，喷 3 秒蒸汽，烤 15~17 分钟

---

### 搅拌

1 搅拌缸加入材料 A、材料 B、材料 C。

2 慢速搅拌 5 分钟，转中速搅拌 2 分钟，搅拌至有面筋出现，即面团能拉出厚膜、破口呈锯齿状时（达扩展状态）。

3 加入无盐黄油，慢速搅拌 3 分钟，让黄油与面团大致结合。

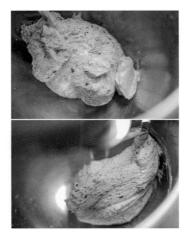

4 转中速搅拌 3~4 分钟，确认面团能拉出透光薄膜，破口圆润无锯齿状（达完全扩展状态），搅拌完成。

### 基本发酵

5 不粘烤盘喷上烤盘油（或刷任意油脂），放上面团，取面团一端 1/3 朝中心折。

6 将已折叠部分继续朝前翻折，把面团转向放置，轻拍表面均一化（让面团发酵比较均匀），此为三折一次。

7 参考【烘焙流程表】，将面团送入发酵箱发酵。

中间发酵

9　参考【烘焙流程表】，将面团送入发酵箱发酵。

整形

10　轻轻拍开（使面团中心厚周围薄），翻面。

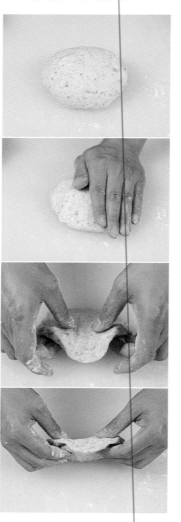

8　参考【烘焙流程表】分割面团，滚圆，底部收紧、轻压，面团间距相等排入不粘烤盘中。

11　铺高熔点乳酪丁40g，取前后两端面团依序捏合，压紧收口处，翻面，搓成橄榄形。

## 最后发酵

12 面团间距相等排入不粘
烤盘，参考【烘焙流程
表】最后发酵。

## 烤前装饰

13 筛高筋面粉，剪 3 刀。

## 入炉烘烤

14 送入预热好的烤箱，参考
【烘焙流程表】烘烤。

Tips 烘烤的温度、时间数据仅供参
考，须依烤箱不同微调。

NO.38
奥利奥奶酥
软欧

##  材料

| | | % | g |
|---|---|---|---|
| A | 高筋面粉 | 100 | 500 |
| | （鸟越牌哥磨） | | |
| | 细砂糖 | 12 | 60 |
| | 盐 | 1.2 | 6 |
| | 全脂奶粉 | 4 | 20 |
| B | 新鲜酵母 | 3 | 15 |
| C | 全蛋 | 20 | 100 |
| | 鲜奶 | 10 | 50 |
| | 水 | 38 | 190 |
| D | 无盐黄油 | 20 | 100 |

## 奥利奥奶酥馅

| | | g |
|---|---|---|
| A | 无盐黄油 | 100 |
| | 糖粉（过筛） | 100 |
| B | 全蛋液 | 50 |
| C | 全脂奶粉（过筛） | 100 |
| | 奥利奥饼干碎 | 50 |

1. 无盐黄油软化至手指按压可以留下指痕的程度。
2. 干净钢盆加入材料 A，一同打发，打发至材料产生白色绒毛质感。
3. 分 3 次加入全蛋液拌匀。
4. 加入材料 C 拌匀。

## 🍳 烘焙流程表

❶ **搅拌**

详阅内文（面团终温 25℃）

❷ **基本发酵**

50 分钟（温度 32℃ / 湿度 75%）

❸ **分割滚圆**

100g

❹ **中间发酵**

30 分钟（温度 32℃ / 湿度 75%）

❺ **整形**

详阅内文（备妥奥利奥奶酥馅）

❻ **最后发酵**

45 分钟（温度 32℃ / 湿度 75%）

❼ **烤前装饰**

刷全蛋液，撒杏仁角

❽ **入炉烘烤**

上火 210℃ / 下火 150℃，烤 15~17 分钟

---

**搅拌**

1 搅拌缸加入材料 A、材料 B、材料 C。

2 慢速搅拌 5 分钟，转中速搅拌 2 分钟，搅拌至有面筋出现，确认面团能拉出厚膜、破口呈锯齿状（达扩展状态）。

3 加入无盐黄油，慢速搅拌 3 分钟，让黄油与面团大致结合。

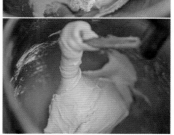

4 转中速搅拌 3~4 分钟，确认面团能拉出透光薄膜，破口圆润无锯齿状（达完全扩展状态），搅拌完成。

5  不粘烤盘喷上烤盘油（或
   刷任意油脂），放上面
   团，取面团一端 1/3 朝中
   心折。

6  将已折叠部分继续朝前翻
   折，把面团转向放置，轻
   拍表面均一化（让面团发
   酵比较均匀），此为三折
   一次。

7  参考【烘焙流程表】，将
   面团送入发酵箱发酵。

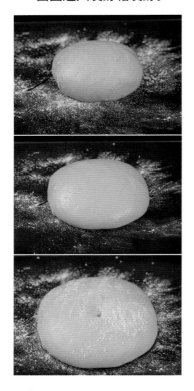

Tips 手沾适量手粉，戳入面团测试
发酵程度，若面团不回缩即为
完成。

## 分割滚圆

8  参考【烘焙流程表】分割
   面团，滚圆，底部收紧、
   轻压，面团间距相等排入
   不粘烤盘中。

## 中间发酵

9  参考【烘焙流程表】，将
   面团送入发酵箱发酵。

## 整形

10 轻拍排气，以擀面棍擀
   开，翻面，抻成正方形。

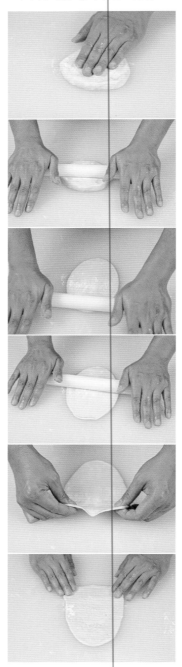

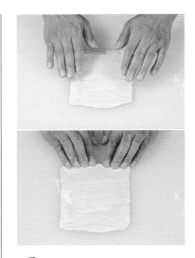

Tips 后端压薄。

11 抹 40g 奥利奥奶酥馅，
   收卷成长条状，收口处捏
   紧，搓长至约 20cm。

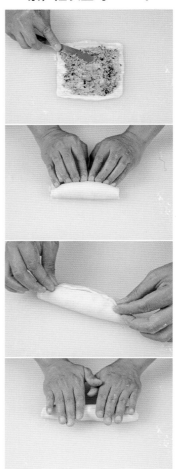

12 冷藏松弛 30 分钟。

13 面团从中切半（顶部留些许不切断），打辫子，长约 18cm。

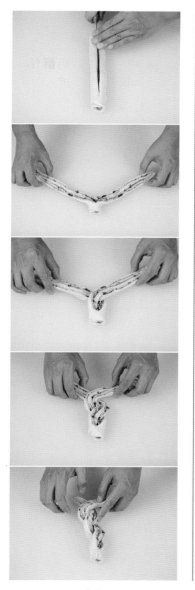

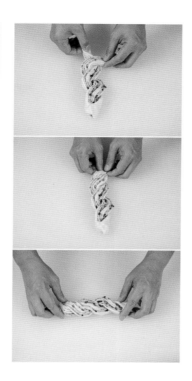

≫

**最后发酵**

14 面团间距相等排入不粘烤盘，参考【烘焙流程表】最后发酵。

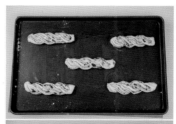

**烤前装饰**

15 刷全蛋液，撒杏仁角。

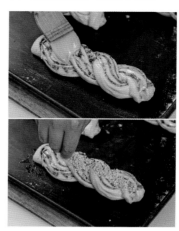

**入炉烘烤**

16 送入预热好的烤箱，参考【烘焙流程表】烘烤。

125

# NO.39
# 佐莫拉吉

## 奶酪馅

| | |
|---|---|
| Luxe 奶酪 | 400g |
| 或：Kiri 奶油奶酪 | |
| 糖粉（过筛） | 100g |

1. 奶酪软化至手指按压可留下指痕的程度。

2. 所有材料一同拌匀，装入挤花袋中。

## 材料

| | | % | g |
|---|---|---|---|
| A | 高筋面粉 | 100 | 500 |
| | （鸟越牌哥磨） | | |
| | 帕玛森起司粉 | 10 | 50 |
| | 细砂糖 | 12 | 60 |
| | 盐 | 2 | 10 |
| | 全脂奶粉 | 4 | 20 |
| B | 新鲜酵母 | 3 | 15 |
| C | 全蛋 | 20 | 100 |
| | 水 | 50 | 250 |
| | ★ 法国老面 | 20 | 100 |
| | （P.5） | | |
| D | 无盐黄油 | 10 | 50 |

### 🧑‍🍳 烘焙流程表

**❶ 搅拌**

详阅内文

**❷ 基本发酵**

50 分钟（温度 32℃／湿度 75%）

**❸ 分割滚圆**

110g

**❹ 中间发酵**

30 分钟（温度 32℃／湿度 75%）

**❺ 整形**

详阅内文（备妥奶酪馅、全蛋液、帕玛森起司粉）

**❻ 最后发酵**

50 分钟（温度 32℃／湿度 75%）

**❼ 烤前装饰**

剪 4 刀

**❽ 入炉烘烤**

上火 170℃／下火 150℃，喷 3 秒蒸汽，烤 17~20 分钟

---

### 搅拌

1 搅拌缸加入材料 A 干性材料、材料 B 新鲜酵母、材料 C 湿性材料。

2 慢速搅拌 5 分钟，转中速搅拌 2 分钟。

3 确认面团能拉出厚膜、破口呈锯齿状时（达扩展状态），加入无盐黄油，慢速搅拌 3 分钟，让黄油与面团大致结合。

4 转中速搅拌 3~4 分钟，确认面团可拉出透光薄膜，破口圆润无锯齿状（达完全扩展状态），面团终温约 25℃，搅拌完成。

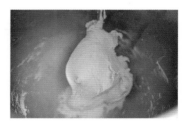

### 基本发酵

5 不粘烤盘喷上烤盘油（或刷任意油脂），放上面团，取面团一端 1/3 朝中心折。

6 将已折叠部分继续朝前翻折，把面团转向放置，轻拍表面均一化（让面团发酵比较均匀），此为三折一次。

7 送入发酵箱，参考【烘焙流程表】发酵。

Tips 发酵后面团表面撒适量高筋面粉（手粉），手指也沾适量，戳入面团，指痕不回缩即是发酵完成。

## 分割滚圆

8 参考【烘焙流程表】分割面团，滚圆，面团间距相等排入不粘烤盘中。

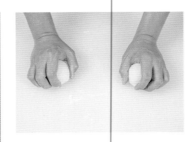

## 中间发酵

9 参考【烘焙流程表】，将面团送入发酵箱发酵。

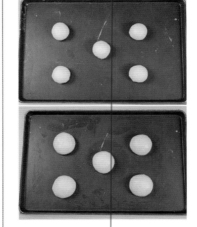

## 整形

10 轻拍排气，以擀面棍擀开，翻面，后端压薄。

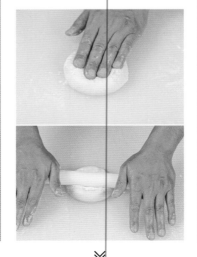

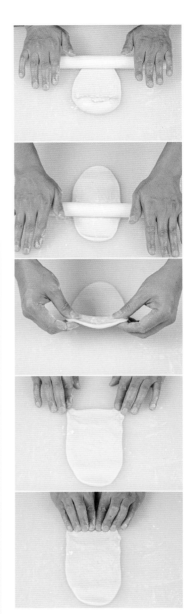

11 挤上 40g 乳酪馅，收折卷起，收口处捏紧，搓至长约 12cm。

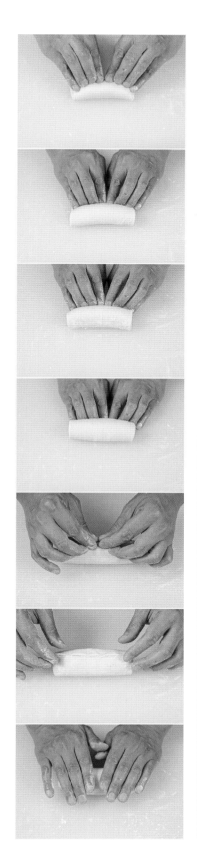

12 刷全蛋液，沾帕玛森起司粉。

14 剪 4 刀。

15 送入预热好的烤箱，参考【烘焙流程表】烘烤。

Tips 烘烤的温度、时间数据仅供参考，须依烤箱不同微调。

**最后发酵**

13 面团间距相等排入不粘烤盘，参考【烘焙流程表】最后发酵。

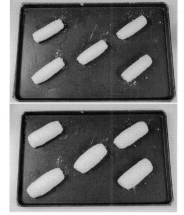

NO.40
# 胖蕉面包

## ⚖ 材料

| | | % | g |
|---|---|---|---|
| A | 高筋面粉 | 100 | 500 |
| | （鸟越牌哥磨） | | |
| | 可可粉 | 3 | 15 |
| | 细砂糖 | 14 | 70 |
| | 盐 | 1.4 | 7 |
| B | 新鲜酵母 | 3 | 15 |
| C | 全蛋 | 10 | 50 |
| | 鲜奶 | 10 | 50 |
| | 水 | 50 | 250 |
| | ★ 法国老面 | 20 | 100 |
| | （P.5） | | |
| D | 无盐黄油 | 30 | 150 |
| E | 黑水滴巧克力豆 | 20 | 100 |

## 🥄 饼干皮

| | | g |
|---|---|---|
| A | 无盐黄油 | 100 |
| | 糖粉（过筛） | 100 |
| B | 蛋黄液 | 100 |
| C | 低筋面粉（过筛） | 90 |
| | 杏仁碎 | 30 |

1. 无盐黄油软化至手指按压可以留下指痕的程度。
2. 干净钢盆加入材料 A，以刮刀拌匀。
3. 分次加入蛋黄液拌匀。
4. 加入材料 C 拌匀，装入挤花袋中。

## 🍮 奥利奥奶酥馅

| | | g |
|---|---|---|
| A | 无盐黄油 | 100 |
| | 糖粉（过筛） | 100 |
| B | 全蛋液 | 50 |
| C | 全脂奶粉（过筛） | 100 |
| | 奥利奥饼干碎 | 50 |

1. 无盐黄油软化至手指按压可以留下指痕的程度。
2. 干净钢盆加入材料 A，一同打发，打发至材料产生白色绒毛质感。
3. 分 3 次加入全蛋液拌匀。
4. 加入材料 C 拌匀。

### 👨‍🍳 烘焙流程表

**❶ 搅拌**
详阅内文（面团终温 25°C）

**❷ 基本发酵**
50 分钟（温度 32°C / 湿度 75%）

**❸ 分割滚圆**
150g

**❹ 中间发酵**
30 分钟（温度 32°C / 湿度 75%）

**❺ 整形**
详阅内文（备妥半干香蕉丁*，参考 P.133 备妥奥利奥奶酥馅）

注：* 可以买冻干产品，或者自制，方法是：将香蕉切片成 1～1.5cm 厚，用食物风干机以 40°C 烤 1～2 天。

**❻ 最后发酵**
50 分钟（温度 32°C / 湿度 75%）

**❼ 烤前装饰**
挤饼干皮

**❽ 入炉烘烤**
上火 190°C / 下火 150°C，烤 18~20 分钟

### 搅拌

1 搅拌缸加入材料 A、材料 B、材料 C。

2 慢速搅拌 5 分钟，转中速搅拌 2 分钟，搅拌至有面筋出现。

3 确认面团能拉出厚膜、破口呈锯齿状时（达扩展状态），加入无盐黄油，慢速搅拌 3 分钟，让黄油与面团大致结合。

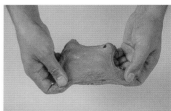

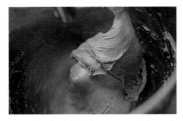

4 转中速搅拌 3~4 分钟，确认面团能拉出透光薄膜，破口圆润无锯齿状（达完全扩展状态）。

5 加入黑水滴巧克力豆，慢速搅打 1 分钟，打至材料均匀散入面团即可。

### 基本发酵

6 不粘烤盘喷上烤盘油（或刷任意油脂），放上面团，取面团一端 1/3 朝中心折。

7 将已折叠部分继续朝前翻折，把面团转向放置，轻拍表面均一化（让面团发酵比较均匀），此为三折一次。

8 参考【烘焙流程表】，将面团送入发酵箱发酵。

Tips 手沾适量手粉，戳入面团测试发酵程度，若面团不回缩即为完成。

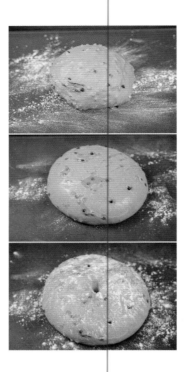

### 分割滚圆

9 参考【烘焙流程表】分割面团，滚圆，底部收紧、轻压，面团间距相等排入不粘烤盘中。

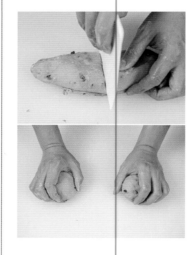

### 中间发酵

10 参考【烘焙流程表】，将面团送入发酵箱发酵。

### 整形

11 轻拍排气，以擀面棍擀开，翻面，后端压薄。

13　面团间距相等排入不粘烤盘，参考【烘焙流程表】最后发酵。

12　抹 30g 奥利奥奶酥馅，铺 20g 香蕉丁，卷起，捏紧接口，搓长至长度约15cm。

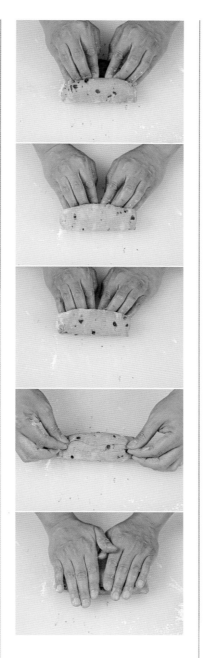

**烤前装饰**

14　挤 50g 饼干皮。

**入炉烘烤**

15　送入预热好的烤箱，参考【烘焙流程表】烘烤。

Tips　烘烤的温度、时间数据仅供参考，须依烤箱不同微调。

NO.41
牛奶面包
综合果干

## 材料

|   | | % | g |
|---|---|---|---|
| A | 高筋面粉 | 70 | 350 |
|   | （鸟越牌哥磨） | | |
|   | 法国粉 | 30 | 150 |
|   | （鸟越牌法印） | | |
|   | 细砂糖 | 8 | 40 |
|   | 盐 | 1.4 | 7 |
| B | 新鲜酵母 | 3 | 15 |
| C | 全蛋 | 10 | 50 |
|   | 鲜奶 | 60 | 300 |
| D | 无盐黄油 | 10 | 50 |

## 酒酿综合果干

|  | g |
|---|---|
| 葡萄干 | 200 |
| 蔓越莓干 | 200 |
| 橙皮丁 | 100 |
| 芒果干丁 | 200 |
| 兰姆酒 | 100 |

1. 干净钢盆加入所有材料拌匀。
2. 以保鲜膜妥善封起。
3. 送入冰箱，冷藏 48 小时备用。

## 🧑‍🍳 烘焙流程表

**❶ 搅拌**

详阅内文

**❷ 基本发酵**

60 分钟（温度 32℃ / 湿度 75%）

**❸ 分割滚圆**

150g

**❹ 中间发酵**

30 分钟（温度 32℃ / 湿度 75%）

**❺ 整形**

详阅内文

（备妥酒酿综合果干）

**❻ 最后发酵**

50 分钟（温度 32℃ / 湿度 75%）

**❼ 烤前装饰**

割 5 刀

**❽ 入炉烘烤**

上火 210℃ / 下火 150℃，喷 3 秒蒸汽，烤 18~20 分钟

---

### 搅拌

1　搅拌缸加入材料 A 干性材料、材料 B 新鲜酵母、材料 C 湿性材料。

2　慢速搅拌 5 分钟，转中速搅拌 2 分钟。

3　确认面团能拉出厚膜、破口呈锯齿状时（达扩展状态），加入无盐黄油，慢速搅拌 3 分钟，让黄油与面团大致结合。

4　转中速搅拌 3~4 分钟，确认面团能拉出透光薄膜，破口圆润无锯齿状（达完全扩展状态），面团终温约 25℃，搅拌完成。

### 基本发酵

5　不粘烤盘喷上烤盘油（或刷任意油脂），放上面团，取面团一端 1/3 朝中心折。

6 将已折叠部分继续朝前翻折，把面团转向放置，轻拍表面均一化（让面团发酵比较均匀），此为三折一次。

7 送入发酵箱，参考【烘焙流程表】发酵。

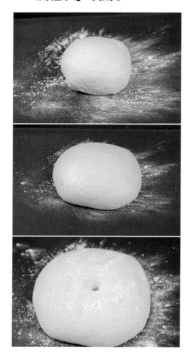

Tips 发酵后面团表面撒适量高筋面粉（手粉），手指也沾适量，戳入面团，指痕不回缩即是发酵完成。

## 分割滚圆

8 参考【烘焙流程表】分割面团，收折成长方形，面团间距相等排入不粘烤盘中。

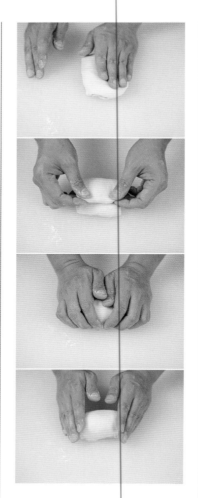

## 中间发酵

9 参考【烘焙流程表】，将面团送入发酵箱发酵。

## 整形

10 面团直接擀开，翻面，后端压薄。

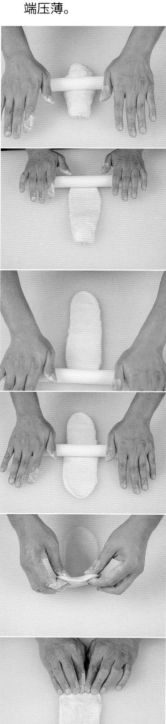

11 铺 40g 酒酿综合果干，
   轻轻卷起，接口捏紧，搓
   长至长度约 10cm。

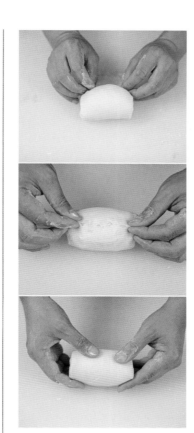

13 割 5 刀。

14 送入预热好的烤箱，参考
   【烘焙流程表】烘烤。

Tips 烘烤的温度、时间数据仅供参
考，须依烤箱不同微调。

最后发酵

12 面团间距相等排入不粘
   烤盘，参考【烘焙流程
   表】最后发酵。

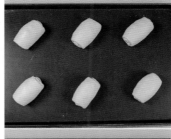

137

NO.42
牛奶面包
蜜红豆

## 材料

| | | % | g |
|---|---|---|---|
| A | 高筋面粉 | 70 | 350 |
| | （鸟越牌哥磨） | | |
| | 法国粉 | 30 | 150 |
| | （鸟越牌法印） | | |
| | 细砂糖 | 8 | 40 |
| | 盐 | 1.4 | 7 |
| B | 新鲜酵母 | 3 | 15 |
| C | 全蛋 | 10 | 50 |
| | 鲜奶 | 60 | 300 |
| D | 无盐黄油 | 10 | 50 |

### 烘焙流程表

**❶ 搅拌**

详阅内文

**❷ 基本发酵**

60 分钟（温度 32℃ / 湿度 75%）

**❸ 分割滚圆**

150g

**❹ 中间发酵**

30 分钟（温度 32℃ / 湿度 75%）

**❺ 整形**

详阅内文（备妥蜜红豆粒）

**❻ 最后发酵**

50 分钟（温度 32℃ / 湿度 75%）

**❼ 烤前装饰**

割 6 刀

**❽ 入炉烘烤**

上火 210℃ / 下火 150℃，喷 3 秒蒸汽，烤 18~20 分钟

### 搅拌

1　搅拌缸加入材料 A 干性材料、材料 B 新鲜酵母、材料 C 湿性材料。

2　慢速搅拌 5 分钟，转中速搅拌 2 分钟。

3　确认面团能拉出厚膜、破口呈锯齿状时（达扩展状态），加入无盐黄油，慢速搅拌 3 分钟，让黄油与面团大致结合。

4　转中速搅拌 3~4 分钟，确认面团能拉出透光薄膜，破口圆润无锯齿状（达完全扩展状态），面团终温约 25℃，搅拌完成。

### 基本发酵

5　不粘烤盘喷上烤盘油（或刷任意油脂），放上面团，取面团一端 1/3 朝中心折。

6　将已折叠部分继续朝前翻折，把面团转向放置，轻拍表面均一化（让面团发酵比较均匀），此为三折一次。

7　送入发酵箱，参考【烘焙流程表】发酵。

Tips　发酵后面团表面撒适量高筋面粉（手粉），手指也沾适量，戳入面团，指痕不回缩即是发酵完成。

## 分割滚圆

8  参考【烘焙流程表】分割面团，收折成长方形，间距相等排入不粘烤盘中。

## 中间发酵

9  参考【烘焙流程表】，将面团送入发酵箱发酵。

## 整形

10 面团直接擀开，翻面，后端压薄。

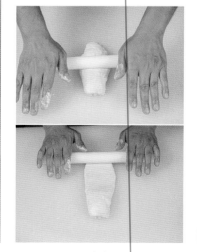

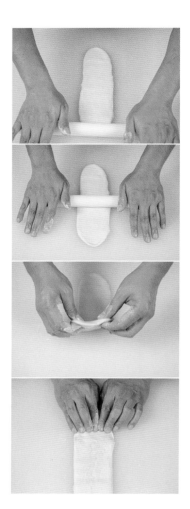

11 铺 40g 蜜红豆粒，轻轻卷起，接口捏紧，搓长至约 10cm。

## 入炉烘烤

14 送入预热好的烤箱，参考【烘焙流程表】烘烤。

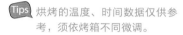

> **Tips** 烘烤的温度、时间数据仅供参考，须依烤箱不同微调。

## 最后发酵

12 面团间距相等排入不粘烤盘，参考【烘焙流程表】最后发酵。

## 烤前装饰

13 割 6 刀。

著作权合同登记号：图字：132021048号

**图书在版编目（CIP）数据**

家庭面包梦工厂 / 林育玮，黄宗辰著. —福州：
福建科学技术出版社，2021.11
ISBN 978-7-5335-6570-1

Ⅰ.①家… Ⅱ.①林… ②黄… Ⅲ.①面包－制作
Ⅳ.①TS213.21

中国版本图书馆CIP数据核字（2021）第189704号


| 书 名 | 家庭面包梦工厂 |
|---|---|
| 著 者 | 林育玮　黄宗辰 |
| 出版发行 | 福建科学技术出版社 |
| 社 址 | 福州市东水路76号（邮编350001） |
| 网 址 | www.fjstp.com |
| 经 销 | 福建新华发行（集团）有限责任公司 |
| 印 刷 | 福州德安彩色印刷有限公司 |
| 开 本 | 787毫米×1092毫米　1/16 |
| 印 张 | 9.5 |
| 图 文 | 152码 |
| 版 次 | 2021年11月第1版 |
| 印 次 | 2021年11月第1次印刷 |
| 书 号 | ISBN 978-7-5335-6570-1 |
| 定 价 | 59.00元 |